| 光明社科文库 |

中国环境群体性冲突研究

赵　闯◎著

光明日报出版社

图书在版编目（CIP）数据

中国环境群体性冲突研究 / 赵闯著 . -- 北京：光明日报出版社，2021.11

ISBN 978 - 7 - 5194 - 6368 - 7

Ⅰ . ①中… Ⅱ . ①赵… Ⅲ . ①环境管理—突发事件—处理—研究—中国 Ⅳ . ①X321. 2

中国版本图书馆 CIP 数据核字（2021）第 221331 号

中国环境群体性冲突研究
ZHONGGUO HUANJING QUNTIXING CHONGTU YANJIU

著　　者：赵　闯

责任编辑：史　宁　　　　　　　　责任校对：陈永娟

封面设计：中联华文　　　　　　　责任印制：曹　净

出版发行：光明日报出版社

地　　址：北京市西城区永安路 106 号，100050

电　　话：010 - 63169890（咨询），010 - 63131930（邮购）

传　　真：010 - 63131930

网　　址：http://book. gmw. cn

E - mail：gmrbcbs@ gmw. cn

法律顾问：北京市兰台律师事务所龚柳方律师

印　　刷：三河市华东印刷有限公司

装　　订：三河市华东印刷有限公司

本书如有破损、缺页、装订错误，请与本社联系调换，电话：010-63131930

开　　本：170mm×240mm

字　　数：245 千字　　　　　　　印　　张：16

版　　次：2022 年 1 月第 1 版　　　印　　次：2022 年 1 月第 1 次印刷

书　　号：ISBN 978 - 7 - 5194 - 6368 - 7

定　　价：95. 00 元

内容简介

　　与以往对中国环境群体性事件的研究不同，本书立基于一个新的逻辑结构，将概念辨析放在中国环境群体性冲突的独特情境之下来展开，然后，按照从环境匮乏到环境冲突，再从环境冲突到环境群体性冲突的思维逻辑形成本书核心分析框架的搭建，最后，根据社会、政治、经济和文化等因素设计了基本原则和预防指标体系，并给出了一个由环境教育、环境参与和环境谈判予以支持的整合性协同治理架构。全书以理论推理为主，特别利用政府、社会等外部生态退化因素、内部结构性因素和公众参与构成的解释背景，完成对中国环境群体性冲突的探讨和整合性协同治理的探索。

目　录
CONTENTS

第二篇　由环境匮乏到环境冲突

第三篇　环境冲突的群体演化

第四篇 治 理

第一章

导　言

第一节　研究缘起与意义

　　环境问题在 20 世纪已成为困扰发达国家和后发国家的重要问题，进入 21 世纪，环境问题也仍旧是一个受到持续关注的国际议题。在 21 世纪，中国开始更明显地受到来自环境治理的压力，同时，也开始更明确地注重对此进行积极应对。环境群体性冲突正是在这个时期呈现出高发的态势，增长的频率令人关注。环境群体性冲突以环境群体性事件、邻避事件、环境抗争等形式得以反映，是围绕环境问题而发生的一种综合性的社会问题，其中涉及社会、政治、经济等多层面的复杂因素，给政府和社会治理提出了十分严峻的挑战。

　　一些国内研究者已经开始关注这个领域的研究，只不过是在 21 世纪出现了更多的研究论文与著作。21 世纪初，笔者便开始在政治学领域从事环境问题的研究，关注的是西方绿色政治和环境政治的发展，看到西方从 20 世纪中叶开始，就遭遇了环境运动等新社会运动，环境问题带来的社会效应是巨大的。而在中国，环境群体性事件的爆发也同样是一个值得分析的社会现象，与此相关的主题包括环境冲突、邻避问题、环境抗争等，但国内的环境群性冲突或事件不是环境运动。征地拆迁等问题引发的抗争，也有很大一部分是个体抗争。而由环境问题引发的抗争，却多数表现为集体抗争。虽然，其中也伴有暴力方式，但请愿、和平示威或散步、上访等方式是其中的主要手段，通常是以参与人数和规模来造成较大的社会反响，对当地政府施加压力，迫使当地政府改变决策，消除风险或补偿损失。在中国社会政治背景之下，这种集体抗争形式不断发生，并使当地政府不断做出让步，似乎是不可能发生的事情，也足以引发更大的研究关注与兴趣。

环境群体性冲突是在一个发展阶段中出现的社会问题，问题的出现并非都会带来负面作用，这已经是社会冲突理论当中为人熟悉的观点。但如果冲突频繁爆发，将对社会稳定和政治秩序带来严重的影响。环境群体性冲突的多发，也许使人们忽视了这种冲突或事件的特别性。在中国，少有冲突事件如环境群体性冲突一样，那么易于引发大规模的民众参与。各级政府必须以更高的政策认知水平和治理行为能力来应对充满连锁效应的环境群体性冲突，这是中国在迈向更高发展阶段中必须予以解决的重要议题，也是中国构建全球治理体系中需要重点思考的关键领域。本研究正是为了适应中国作为一个发展中大国的新时代需要，寻求环境治理的理论依据，谋求和谐中国、美丽中国建设的可行途径。

第二节 研究文献综述

对"中国环境群体性冲突"的研究，会涉及多个相关主题，这是一个跨学科的交叉研究课题，在资料的搜集和整理过程中，我们发现如果将所有这些相关主题都拿来作为研究的起点和基础，那么我们的研究将会包罗万象，这是任何一个研究者和研究团队都无法承担的。我们曾经一再想要以一种更宽阔的视角和思维来开展研究，虽然这将使这个课题的研究成果呈现出一种独特的思路，但最终我们还是放弃了这个宏大的研究设想，因为那是一个我们现在还无法完成的任务。所以，目前我们不得不进行了一些更相关的筛查和检视，但还是认为这个研究需要围绕环境冲突、环境群体性事件、邻避冲突，以及环境抗争这几个主题（图1反映了以上述主题为题目进行研究的中文期刊论文发文趋势)① 来进行文献基础的搭建和研讨,即使这样,这个有关前人文献的梳理和分析工作也将以一种非常复杂和多中心的方式而展开。

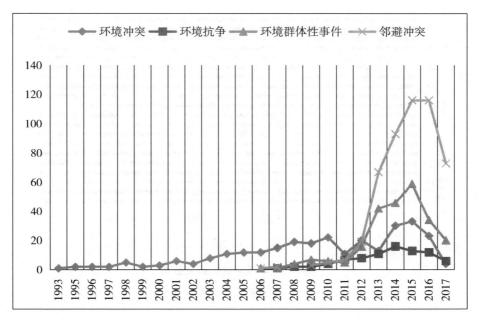

图1 发文趋势

数据来源:CNKI

一、关于"环境冲突"的研究

对"环境冲突"的研究开始于 20 世纪,国外在 20 世纪 80 年代前后就有了与此相关的论文,国内在 20 世纪 90 年代中后期也出现了相关论文的发表。迄今,这些论文基本以一般性理论研究(冲突分析/利益冲突)、国别环境冲突、地理科学、法律冲突、经贸关系等视角、途径、方法来展开研究。当然,这些研究与本书逻辑思路的关联程度是不同的,我们会根据其中关联

① 如未做特殊说明,本书文献(不含港澳台)概述中用作图表呈现的论文均是来自 CNKI 的中文期刊论文,搜索日期 2017 年 7 月 4 日。而且,基于相关性、作者、篇幅、刊物、内容等综合性因素,我们对期刊论文进行了筛选,保留了能够用于文献分析的文本,也就是我们对其进行统计分析的文本及其数量。

度的强弱进行或多或少的梳理与分析，其中一般性理论研究、国别研究和地理视角研究与本书联系较大（见图2），我们会对这部分进行着重概述。

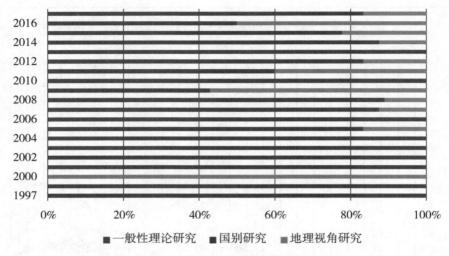

图 2　"环境冲突"研究分类
数据来源：CNKI

（一）一般性的环境冲突管理或治理研究。这部分的研究与社会、政治、管理方面的联系更为密切，同时，也会涉及冲突分析、利益冲突的研究视角和方法。苏珊·卡彭特（Susan J. Carpenter）和 W. 肯尼迪（W. J. D. Kennedy）为解决环境问题提出了环境冲突理论，指出环境冲突管理为消除分歧提供了一系列替代方法，弥补了传统对抗模式中所存在的不足，以冲突分析方法作为解决环境问题的重要手段。① 托马斯·迪茨（Thomas Dietz）等学者从社会背景出发来诠释围绕环境健康和环境安全而发生的冲突问题，他们对环境政策领域常见的四种解释进行了逐一分析，认为环境政策专家对冲突的定义与看法，受到其所在组织和所从事职业的极大影响，通常与组织和职业的利益与价值观念相一致，人们对于社会问题性质的分歧同时也产生了对自然资源

---

① CARPENTER S. L., KENNEDY W. J. D. Environmental conflict management：new ways to solve problems［J］. Mountain research and development，1981，1（1）：65-70.

价值的不同看法，自然资源对社会运动及其反对者的价值是不同的。① 托马斯·荷马-迪克森（Thomas F. Homer-Dixon）则以大量现实证据表明环境匮乏已经在许多发展中国家引发了暴力冲突，不同形式的环境变化是群体暴力冲突的可能诱因，环境掠夺、生态边缘化和资源匮乏的后果会对社会安全产生严重后果。② 佩尔蒂·兰尼克科（Pertti Rannikko）通过对芬兰过去几十年的环境冲突及其结构和态度背景因素的分析，研究了在这个过程中环境意识所发生的变化，指出不同时期、不同群体在环境保护方面的动机和基础是非常不同的，环境富含多种多样的意义和象征，不同的人寻求保护的东西是不同的，所以，对那些参与解释环境问题的社会行动者进行研究，是非常重要的。③ 迈克尔·雷德克利夫（Micheal Redclift）则试图去解释如何处理那些由不合理行为所导致的环境冲突，他考察了冲突产生的原因，以及文化改变和全球化的细节，对无法发展出一种适合的全球环境管理模式质疑和展开讨论。④ 迈克尔·埃利奥特（Michael L. Elliott）和桑达·考夫曼（Sanda Kaufman）则对"环境与公共政策"（EPP）的冲突管理进行了深入研究，梳理了 EPP 冲突管理作为一种特别实践形式在过去 40 年从出现到实施的情况，探讨了环境决策理论与 EPP 冲突管理实践之间的相互影响、EPP 冲突管理的研究趋势、实践效果与影响，以及对冲突解决系统的干预力度等。⑤ 路易吉·佩利佐尼（Luigi Pellizzoni）则讨论了环境冲突中专业知识与政治之间微

① DIETZ T. (et al.) Definitions of conflict and the legitimation of resources: the case of environmental risk [J]. Sociological forum, 1989, 4 (1): 47-70.

② HOMER-DIXON T. F. Environmental scarcities and violent conflict [J]. International security, 1994, 19 (1): 5-40.

③ RANNIKKO P. Local environmental conflicts and the change in environmental consciousness [J]. Acta Sociologica, 1996, 39 (1): 57-72.

④ REDCLIFT M. Addressing the causes of conflict: human security and environmental responsibilities [J]. Review of european community & international environmental law, 2002, 9 (1): 44-51.

⑤ ELLIOTT M. L., KAUFMAN S. Enhancing environmental quality and sustainability through negotiation and conflict management: research into systems, dynamics, and practices [J]. Negotiation & conflict management research, 2016, 9 (3): 199-219.

妙的关系①，他指出，在环境议题中，我们很大程度上要依赖科学来知道相关事情，但在今天，专家评价既是人们所越发需要的东西，也是产生冲突的领域，知识的政治化使民主决策和技术专家决策之间的界线不再明显了，他用例子表明专门知识影响了争论的泛化机会结构，使"关于事实的政治"与"关于利益和价值的政治"以一种精巧的方式混合在一起。

林巍在国内较早以冲突分析作为研究环境冲突的有效工具②，着重分析环境冲突处理中的公平性问题，以排污量分配为典型例子来实施应用，林巍等人也以有害废物处理设施选址为例③，对如何处理公共设施选址中的环境冲突问题进行了探讨，据决策论和博弈论，提出并讨论了该问题的不同解与基本思路；马庆国、邓峰则从不同层面的利益冲突来分析环境资源问题的根本原因，有国际上各国家层面的，有国内各级政府与部门层面的，有企业微观层面的各种冲突，作者认为缓解这些冲突需要发达国家的援助、需要对国民收入进行真实的衡量、需要利用经济手段来协调经济发展和环境保护的关系。④ 张玉林则富有洞见地指出治理农村环境冲突的体制性障碍，直接明确地提出了"压力型体制""政商同盟""污染保护""政经一体化"等体制症结，其论述显然在同类研究中更富有启发和实质性价值。⑤ 熊易寒则利用卡尔·波兰尼（Karl Polanyi）的"市场脱嵌"论说，阐释农村环境污染的根源，并指出了一个让人深思、令环保者难堪的事实：贫穷使污染受害者成为阻止环境保护的人，提出了改善农民生活状况和完善社会的解决途径。⑥ 于建嵘则大胆指出当前农村环境污染冲突的共同特征是：地方政府为发展经济引进污染企业，民众因污染受害四处告状得不到处理而采取自救式维权，地

---

① PELLIZZONI L. The politics of facts：local environmental conflicts and expertise [J]. Environmental politics，2011，20（6）：765-785.

② 林巍. 环境冲突的分析与处理——兼谈处理社会矛盾的一种新思路 [J]. 科技导报，1995（7）：58-60.

③ 林巍. 环境冲突分析及其应用——公共设施选址问题的分析与处理 [J]. 环境科学，1995（6）：36-39.

④ 马庆国，邓峰. 环境资源保护的利益冲突及协调 [J]. 软科学，1998（2）：57-60.

⑤ 张玉林. 政经一体化开发机制与中国农村的环境冲突 [J]. 探索与争鸣，2006（5）：26-28.

⑥ 熊易寒. 市场"脱嵌"与环境冲突 [J]. 读书，2007（9）：17-22.

方政府以维护社会治安为名动用警力,进而发生警民冲突,维权民众被以妨害公务罪或扰乱社会秩序罪判刑。① 田艳芳根据1998—2011年的省级面板数据,构建了空间计量模型来检验财政分权、政治晋升与环境冲突的关系,虽然,变量的选取有待商榷,但在中国背景下,这是一种研究经济(财政分权)、政治(政治晋升)与环境冲突关系的有益尝试。② 刘尔思、周伟在数据分析的基础上,研究了中国背景下直接投资与环境冲突的因果关系,并指出冲突实质是人与人之间的利益冲突,最后,提出了基于政府、企业和民众的各自协同的环境干预机制。③ 张绪清则以乌蒙山矿区两个村庄为个案④,探讨工业化背景下矿区农民环境冲突中的日常抵抗图景与逻辑,指出这种日常抵抗是因利益受损而引发的。

上述研究可以让我们有一个清楚的认识,国外此类研究会经常性地与社会政治背景相关联,除了在资源管理层面来讨论环境冲突问题,也会从资源冲突转换到社会冲突分析,其中不但涉及传统、文化、全球化等因素的影响,也会涉及政治与科学的关系,所以,这种讨论和研究视野是广阔的。国内此类研究也探讨了体制性问题,但多数学者是在管理层面来进行讨论,最终的解决办法也无不落到管理层面的应对与改变。但无论是利益冲突,还是体制困境,问题显然不仅仅在管理层面,这为探索一个从匮乏、冲突到治理的社会政治分析提出了新的要求。

(二)国别环境冲突研究,主要是对特定国家、地区的环境冲突研究,其中涉及由于采矿、农业产业发展、环境事故、自然资源使用与匮乏,以及经济发展等因素而引发的冲突主题。罗穆尔德·杜普伊(Romuald Dupuy)等学者认为古典制度经济学在处理环境问题时表现出它的短板,所以,试图

---

① 于建嵘. 当前农村环境污染冲突的主要特征及对策 [J]. 世界环境,2008(1):58-59.

② 田艳芳. 财政分权、政治晋升与环境冲突——基于省级空间面板数据的实证检验 [J]. 华中科技大学学报(社会科学版),2015(4):86-95.

③ 刘尔思,周伟. 直接投资、环境冲突及其协同干预机制研究——来自中国的实证数据 [J]. 云南财经大学学报,2016(4):82-92.

④ 张绪清. 环境冲突与利益表达——乌蒙山矿区农民"日常抵抗"问题探析 [J]. 贵州师范大学学报(社会科学版),2016(2):62-70.

以约翰·R.（John，R.）的公有物交易模式作为处理环境冲突的研究框架，他们将其应用到秘鲁当地由于采矿而引发的社会环境冲突事例当中，力图推动自然资源冲突管理制度的发展。① 丹尼尔·塞瑟雷斯（Daniel M. Cáceres）则援引"剥夺式积累"的概念，分析了农业资本的膨胀对阿根廷中部社会和环境带来的影响及其所带来的社会抗争，由于国家的纵容，农业产业正在进行着这个地区史无前例的资本转化，即将自然资本转化成经济资本，而这种情况将会加剧。② 戈弗雷·斯蒂尔（Godfrey A. Steele）是以特立尼达岛的溢油事故为背景，利用危机沟通理论，并通过分析媒体和涉事公司的文本信息，研究了媒体报道及组织和公司的沟通行为是如何促使一场重大环境冲突的发生、升级和管理过程。③ 乌切·奥克帕拉（Uche T. Okpara）等研究者以非洲乍得湖为案例，聚焦于近来理论探讨的一系列主要问题，调研了由水匮乏带来的冲突，作者认为这种冲突不仅与乍得湖的脆弱性和当地的资源匮乏相关，也与当地的多种独特背景因素相关，该文要讨论的是乍得湖究竟如何导致了冲突，以一个具有前瞻性的整体框架，将环境改变、脆弱性和安全议题相互连接，进行整体性论述。④ 克拉丽斯·卡扎尔斯（Clarisse Cazals）等学者则对法国阿克冲湾海岸带的土地使用进行了讨论，面对自然资源保护和海岸区域的发展之间的冲突，要考虑多种因素，而在土地使用管理中也要注重水与土地之间的关系。⑤ 瓦西尔·波帕（Vasile Popa）等人将长期处于政

---

① DUPUY R.（et al.）Analyzing socio-environmental conflicts with a commonsian transactional framework：application to a mining conflict in Peru ［J］. Journal of economic issues, 2015, 49（4）：895-921.

② CACERES D. M. Accumulation by dispossession and socio-environmental conflicts caused by the expansion of agribusiness in Argentina ［J］. Journal of agrarian change, 2015, 15（1）：116-147.

③ STEELE G. A. Environmental conflict and media coverage of an oil spill in Trinidad ［J］. Negotiation & conflict management research, 2016, 9（1）：60-80.

④ OKPARA U. T.（et al.）Conflicts about water in Lake Chad：are environmental, vulnerability and security issues linked? ［J］. Progress in development studies, 2015, 15（4）：308-325.

⑤ CAZALS C.（et al.）Land uses and environmental conflicts in the Arcachon Bay Coastal Area：an analysis in terms of heritage ［J］. European planning studies, 2015, 23（4）：746-763.

治不稳定的也门共和国作为发生地，指出了人口增长、经济低迷和自然环境恶化加剧了不稳定的局面，而人口和经济问题又使自然资源承受着越来越大的压力，生活质量无法得到提升，情况变得越来越坏，而政府的无能则造成了人们的不满。① 常建、李志行对韩国的环境冲突管理体制进行了研究②，在分析了韩国环境冲突发展的不同时期及其特点之后，探讨了韩国环境冲突管理体制及其对中国的启示。

上述研究虽然都是有针对性的实例研究，但多数也都以一定的理论作为分析基础，对特定地方的特定环境冲突进行研究，这些研究都植根于当地特有的自然与社会环境，具有明确的指向性。可见，分析环境冲突，离不开对其背景因素及其影响的洞察。此外，还有从更宏观的视角来开展的国别研究，如对阿根廷③、巴拿马④，以及整个拉丁美洲⑤的环境冲突研究，这些研究又都与地理学研究相关，而从地理学学科出发，对环境冲突进行交叉学科研究，也是一种研究途径。

（三）从地理学的视角来对环境冲突进行研究，此类研究一般将环境冲突分析与地理环境特点相结合，从区域间地理环境的背景出发来探讨人类活动与生态环境之间发生的冲突。盖尔·霍兰德（Gail M. Hollander）曾在1995年以美国佛罗里达的蔗糖产业为例，评析了农业生产系统中的环境冲突和可持续性问题，文中论及了食品系统理论中的地理环境冲突，着重对比了其中

---

① POPA V. （et al.）The role of socio-demographic, economic and environmental factors in perpetuating the conflicts in Yemen [J]. Romanian review on political geography, 2015, 17 （2）：65-75.

② 常建，李志行. 韩国环境冲突的历史发展与冲突管理体制研究 [J]. 南开学报（哲学社会科学版），2016 （1）：142-150.

③ CARLOS R. Socio-environmental conflict in Argentina [J]. Journal of Latin American geography, 2012, 11 （2）：4-20.

④ JULIE V. R. Indigenous land and environmental conflicts in Panama：neoliberal multiculturalism, changing legislation, and human rights [J]. Journal of Latin American geography, 2012, 11 （2）：21-47.

⑤ CARLOS R. Socio-environmental conflicts in Latin America [J]. Journal of Latin American geography, 2012, 11 （2）：1.

地方与全球、南方与北方的地理构成。① 屈宝香等人则分析了现代商品农业的发展，指出开发利用资源的范围、种类与强度在不断扩大、增多和增大，造成环境影响的加深，导致农业生产、资源和环境冲突加剧，主要论述了中国现代商品农业中的资源与环境冲突的现实与根源，探讨商品农业宏观调控的途径与措施。② 穆从如等学者则从环境冲突的概念、研究内容和分类等方面加以阐述，指出环境冲突的产生和演变深受自然地理环境、人文地理环境因素的影响和制约，具有明显的地理学意义，其中也论及了环境冲突在区域地理学中的研究应用及其前景。③ 杨勤业等学者针对黄河北干流晋陕蒙接壤地区，指出了该地区富足的能矿资源与干旱、风沙、严重的水土流失等脆弱生态环境并存且呈异向关系的冲突问题，对研究区的环境脆弱形势和环境冲突因素进行了初步分析，指出了缓解环境冲突，促进区域可持续发展的途径。④ 杨秀美等则以贵州喀斯特的地理环境特性为背景，即水土流失、沙漠化、自然条件差等因素，从政策、管理和实施三个层面讨论了农村环保与经济发展的冲突问题。⑤

　　上述研究无疑是一种基于地理条件和空间分布，集多学科领域而进行的交叉型研究，其中有限利用了人文因素，虽然也间或提到了政策和管理层面，但与集中于社会政治领域而对环境冲突展开的研究相比，在关注领域和研究方式上还是存在较大差别。然而，地理科学与环境冲突相结合的研究为环境群体性冲突的研究提供了新鲜的信息和思考，提高了研究思路的广度。

---

① HOLLANDER G. M. Agroenvironmental conflict and world food system theory：sugarcane in the Everglades Agricultural Area ［J］. Journal of rural studies，1995，11（3）：309-318.

② 屈宝香，等. 冲突与协调 ［M］. 北京：中国农业科技出版社，1997.

③ 穆从如，等. 环境冲突分析研究及其地理学内涵 ［J］. 地理学报（增刊），1998（12）：186-192.

④ 杨勤业，等. 黄河北干流晋陕蒙接壤地区环境冲突分析研究 ［J］. 地理科学进展，1999（3）：193-200.

⑤ 杨秀美，等. 贵州喀斯特地区农村环境保护与经济发展冲突及对策 ［J］. 贵州农业科学，2009（5）：166-168.

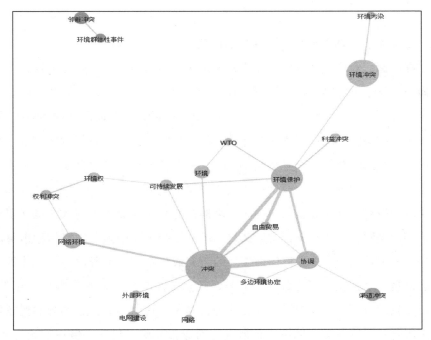

图3 "环境冲突"研究关键词共现网络

来源：CNKI

　　总体来看，环境冲突研究所涉及的领域较广泛，在关键词分布状况中可见一斑（见图3），除了以上几种角度的环境冲突研究，还有从法律冲突、经贸关系进行的环境冲突研究。从法律层面的研究，多是讨论在环境保护中的法律冲突问题，亦有学者从法律权利视角讨论权利冲突的问题①，以及研究替代法律诉讼的环境冲突解决方式②，但基本与本书的研究思路关联不大，所以，不予多述。从经贸关系进行的讨论，则多数在谈 WTO 规则与环境保护之间的冲突问题，这不是本研究所关注的领域，而与本研究相近的经济内容，已经融入一般性理论研究的部分里予以综合讨论，所以，这部分也不再赘述；渠道冲突也不属于相关研究范畴，至于环境群体性事件、邻避冲突的研究，我们会在下文予以讨论。

---

① 张润昊. 环境保护视角的权利冲突——兼论生态效益补偿的法理基础［J］. 重庆教育学院学报，2005（7）：26-29.

② 吴真. 环境冲突的协商解决机制分析［J］. 长白学刊，2014（4）：70-75.

二、关于"环境群体性事件"的研究

在中国，对环境群体性冲突研究最为贴近的话语表达就是环境群体性事件研究，从中国知网的搜索来看，在 2006 年已有出现以"环境群体性"为篇名；在国外，一般没有以环境群体性来开展的研究，而是有对环境抗争、环境运动的关注。环境运动属于涉及广泛（包括了全面的价值观念转变、权利诉求、结构变革）的新社会运动范畴，并且具有极大的国际延伸，绝不局限于一地、一国的空间。即使国外有对群体性冲突、集体行动（集群行为）的关注与研究，其定义也与中国的环境群体性冲突概念差别很大，虽然仍可进行理论关联，对相关分析有所助益，但不能归于对中国环境群体性事件的直接研究范畴之中。中国群体性事件的研究成果很多，但既然环境群体性事件已经是一个独立的研究领域，并且，重点关注与环境相关的群体性事件，所以，我们也不会对中国群体性事件进行单独概述。因此，这部分的概述将以中国背景下的环境群体性事件研究为对象，其研究包括一般性理论分析、基于个案的分析、基于互联网作用的分析等。

但我们发现，无论哪种分析都主要是从概念、特点、类型、成因和对策的逻辑思路来展开论述，这是此类论文惯常的论述思路，并被反复应用，即使有的论文对此稍加改动或有所变化，仍离不开此逻辑。而在一些论文中，分析视角和切入重点则会有不同，在研究方法（定性、定量或二者结合）上也有分别，虽然这些视角和切入点多在个别论文中出现，但已经形成几个具有研究规模的视角，当然，这个研究规模仍旧十分有限。所以，我们以这个领域几个稍有规模的研究视角为根据进行总体分析（见图4），其中也会涉及一些具有突出特点的研究成果。

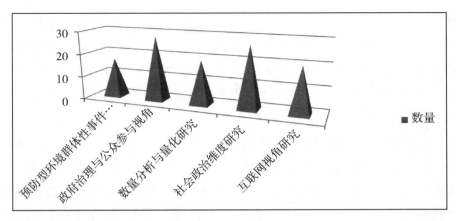

图4 "环境群体性事件"研究分类

数据来源：CNKI

（一）在对环境群体性事件进行分类的基础上，对预防型环境群体性事件进行研究。这类研究中，一方面是对环境群体性事件的分类明确提及的研究，另一方面是对分类后的环境群体性事件进行区别分析的研究。商磊在论文中提及社科院专家单光鼐对群体性事件所划分的形态：其一，无诉求、无组织；其二，有诉求、组织化程度较高；其三，两种混合体。在此基础上，又引入台湾学者萧新煌对环保运动的分类——污染驱动型和世界观模式。①中国的环境群体性事件被称为运动，显然还不合适，涉及世界观和价值层面的环境事件还不多见，但的确包含污染驱动的类型。钟其则在分析了浙江省环境群体性事件的现状与成因的基础上，探讨了事件发展的趋势，在其中明确指出：环境纠纷及群体性事件总体上将不断增多，其中预防性环境群体性事件将更加普遍，同时，该文也指出了环境群体性事件的规模化、对抗性强，以及与信息技术的结合、社会中层成为主力等发展趋势。②郑旭涛则沿用于建嵘对环境群体性事件的分类，即救济式和预防式，并对预防式环境群体事件进行了重点论述（文中亦简单提及救济式的研究成果，但涉及环境抗争主题，我们将在"环境抗争"部分论及），该文从社会背景、冲突根源、

① 商磊. 由环境问题引起的群体性事件发生成因及解决路径［J］. 首都师范大学学报（社会科学版），2009（5）：126-130.
② 钟其. 当前浙江环境纠纷及群体性事件研究［J］. 探索与研究，2012（2）：61-65.

政治治理、群体心理、组织动员等五个维度解析预防式环境群体性事件的成因，指出预防式环境群体性事件是一种源于相关主体利益冲突、普通民众健康权利和环境风险预防需求混合作用的，由积极分子发起动员的预防式抗争。① 刘晓亮、张广利则利用社会风险的放大理论对预防性环境群体性事件进行了研究，指出：这类事件的共同特点是污染尚未发生，在这个过程中，"环境风险的污名化和群体性事件的威力"被放大，"政府治理的风险"被缩小，并在社会层面引发了风险放大的涟漪效应。② 华智亚则根据诱发原因的不同，将环境群体性事件分为污染型环境群体性事件和风险型环境群体性事件两种类型，这一类型划分与"反应型—预防型"，"事后救济型—事前预防型"分类基本吻合，但侧重点在于强调引发群体性事件的不同环境问题的内在性质差异，但作者还指出风险型环境群体性事件非常类似于西方发达国家曾经历过的"邻避运动"（邻避问题会在后面予以概述）。③ 任卓冉认为预防性环境群体性纠纷由环境风险引发，是环境纠纷的重要类型，其状态变化可体现在潜在、表现、激化三个层面，中国现行预防性环境群体性纠纷解决模式属于以行政机关为中心的单一对抗模式，而多元合作模式有助于消除对抗性，更符合中国预防和解决预防性环境群体性纠纷的实际需要。④ 任卓冉亦另文论述了预防性环境群体性纠纷的特点、成因和处理模式。⑤ 郭红欣则根据引发事件事实状态的不同将环境群体性事件分为事前预防型和事后救济型，指出预防型环境群体性事件中公众所抵制的是有关环境风险的决策结果，实质上是在主张环境公共决策过程中认知风险的权利，主张从行政决策权的行使与公众参与权利的实现入手，探究环境公共决策无法取得实质合法

---

① 郑旭涛. 预防式环境群体性事件的成因分析——以什邡、启东、宁波事件为例 [J]. 东南学术，2013（3）：23-29.

② 刘晓亮，张广利. 从环境风险到群体性事件——一种"风险的社会放大"现象解析 [J]. 湖北社会科学，2013（12）：20-23.

③ 华智亚. 风险沟通与风险型环境群体性事件的应对 [J]. 人文杂志，2014（5）：97-108.

④ 任卓冉. 合作解决预防性环境群体性纠纷模式分析 [J]. 河南大学学报（社会科学版），2015（6）：78-83.

⑤ 任卓冉. 现代新型纠纷：预防性环境群体性纠纷的防范与对策 [J]. 理论与改革，2015（4）：110-113.

性的根源，寻求化解之法治路径。① 此外，也有学者做出了其他类型的分类，如王玉明的暴力型和非暴力型②；尹文嘉的情绪耦合型和直接利益型③，并以此为前提进行环境群体性事件的演化机理分析。

上述对环境群体性事件的分类研究，虽然在表述用词上有所不同，但基本符合事后救济和事前预防的划分，有时将后者与风险防范、邻避运动相结合来进行论述，多数学者都认同预防型的环境群体性事件是一个在未来需要予以重视的事件类型。实际来看，无论是事后救济和事前预防，暴力型和非暴力型，还是情绪型和利益型等，之所以会引发环境群体性事件，都似乎离不开对地方政府角色和作用的不满，以及对公众参与缺失的表达，也就都涉及政府在事件中如何行事和如何加强公众参与的问题，所以，一些文章便从传统的政府治理和公众参与角度来开展相关研究。

（二）从传统的政府治理和公众参与视角，对环境群体性事件进行研究。余茜主要围绕政府的责任性回应、职能性回应和前瞻性回应来讨论环境群体性事件中的政府回应性问题，以此来探究原因和对策。④ 彭小霞则指出压制型治理的存在既有深厚的理论基础又有很强的现实需求，但难以从根本上遏制环境群体性事件的发生，回应型治理能有效预防和治理环境群体性事件，维护公众的合法权利，而实现环境群体性事件回应型治理的关键在于完善环境信息公开制度、革新政府政绩考核制度、完善政府生态责任问责制等。⑤ 张磊和王彩波分析了环境群体性事件的发生所暴露的当前中国地方政府环保职能不健全和制定环境政策时公开化程度低的不足，并阐述了完善环保职能、优化绩效评估标准和进一步公开决策程序是调和政府与民众、环境与经

---

① 郭红欣. 论环境公共决策中风险沟通的法律实现——以预防型环境群体性事件为视角 [J]. 中国人口·资源与环境, 2016 (6): 100-106.

② 王玉明. 暴力环境群体性事件的成因分析——基于对十起典型环境冲突事件的研究 [J]. 四川行政学院学报, 2012 (3): 62-65.

③ 尹文嘉. 环境群体性事件的演化机理分析 [J]. 行政论坛, 2015 (2): 38-42.

④ 余茜. 环境群体性事件的成因及应对之策——基于政府回应性视域 [J]. 成都行政学院学报, 2012 (6): 9-13; 余茜. 政府回应性视域中环境群体性事件成因及对策 [J]. 陕西行政学院学报, 2013 (2): 53-59.

⑤ 彭小霞. 从压制到回应：环境群体性事件的政府治理模式研究 [J]. 广西社会科学, 2014 (8): 126-131.

济之间分化和冲突的重要途径。① 李昌凤撰文认为要通过实现维稳方式由"堵"到"疏"，环境行政治理模式由"压制型"到"回应型"，公众环境参与由"叶公好龙"到"与龙共舞"的三个转变，为环境群体性事件的化解寻求法治路径。② 刘细良、刘秀秀则从政府公信力之理念、制度、行为等方面对环境群体性事件的成因予以剖析，认为治理环境群体性事件应着力提高政府公信力，即树立正确政绩观以切实转变经济增长方式，畅通利益诉求渠道以保障公民参与，加强环境执法监管以完善环境法律体系，规范政府行政行为方式以提高相关人员的素质。③ 张劲松撰文指出政府公信力不足是产生邻避型群体性事件的时代背景，地方政府作为治理主体不能在所有邻避设施建设上都与公众采取互动与合作，政府妥协说明其治理成效并不理想，政府理论创新与民主治理能力不足，都不利于避免群体性事件发生。④ 刘刚、李德刚认为，由于管理理念滞后"效率优先"考核方式的误导，以及追责体制不健全等原因，当前政府在环境群体性事件的治理中存有缺失现象，我们需要鼓励公民积极参与，调整官员考核方式，加大政府环境问责力度，进而促进环境群体性事件的有效治理。⑤ 李汉卿、王文倩则提出地方政府的公司化是环境群体性事件在当前中国呈现频发态势的重要原因之一，抑制地方政府公司化的负外部性的关键在于平衡政府权力与民众权利，以环境群体性事件为代表的地方社会治理危机的出现，昭示地方政府公司化的发展体制需要转型，这也是构建现代国家治理体系的内在要求。⑥ 彭小兵、谢虹基于邻避效应向环境群体性事件转化的内在机理，指出"邻避效应"是否会引爆为"环

① 张磊，王彩波. 从环境群体性事件看中国地方政府的环保困境 [J]. 天津行政学院学报，2014（2）：57-62.

② 李昌凤. 当前环境群体性事件的发展态势及其化解的法治路径 [J]. 行政与法，2014（5）：33-38.

③ 刘细良，刘秀秀. 基于政府公信力的环境群体性事件成因及对策分析 [J]. 中国管理科学，2013（11）：153-158.

④ 张劲松. 邻避型环境群体性事件的政府治理 [J]. 理论探讨，2014（5）：20-25.

⑤ 刘刚，李德刚. 环境群体性事件治理过程中政府环境责任分析 [J]. 学术交流，2016（9）：62-65.

⑥ 李汉卿，王文倩. 地方政府公司化：环境群体性事件生发的体制解释——基于启东事件的考察 [J]. 中共杭州市委党校学报，2017（2）：32-38.

境群体性事件"，取决于"政府处置模式"和"大数据网络平台"这两个主要引致变量的相互作用，即政府与民众的信息应对策略，预防环境群体性事件的逻辑是阻断邻避效应，将社区民众与基层政府置于一种信息完全博弈的环境下，构建政府与公众合作监管的治理机制。① 彭小兵、喻嘉基于政策网络的视角，分析了江苏启东事件中各政策网络主体（府际网络、生产者网络、议题网络）的立场、策略、互动关系及其治理思路，指出环境群体性事件的治理，需专注于议题网络与专业网络的支持，严格考评生产者网络，并完善信息披露制度、重塑社会信任、强化法治建设。② 吴满昌则撰文以近期典型的环境群体性为例，简要分析了公众参与环评机制的理论基础和基本程序，从公众参与的主体、信息公开、反馈机制和司法救济机制等方面探讨了现行公众参与环评机制存在的问题，认为：应从扩大公众的主体，提高公众参与的组织化水平；完善环评信息公开制度，强化舆论监督；构建和完善环评的司法审查机制等方面进一步完善公众参与环境影响评价机制，真正落实环评的预防功能。③

地方政府不作为和乱作为，以及公众参与度不足等问题，不只是出现在环境群体性事件中的重要问题，也是中国以"整体性的环境治理"急需解决的问题，只不过这类问题通过环境群体性事件得到了进一步的凸显，并且表现出在探讨环境群体性事件中政府治理与公众参与主题的论文中，很少论及企业一方的问题，或者有所讨论但没有深入展开。这倒不是因为研究者忽视了企业在其中的主体角色，而是企业的角色和作用往往处于灰色地带，与政府和公众的关系非常微妙，也通常不在环境群体性事件中扮演主要冲突一方，即使成为冲突一方，也会逐渐转化为公众与地方政府之间的冲突。但是，有些研究者会借助博弈论，对各方之间的博弈情况，进行更细致的模型化研究，试图给出科学决策的途径。

① 彭小兵，谢虹. 应对信息洪流：邻避效应向环境群体性事件转化的机理及治理［J］. 情报科学，2017（2）：10-15.
② 彭小兵，喻嘉. 环境群体性事件的政策网络分析——以江苏启东事件为例［J］. 国家行政学院学报，2017（3）：108-113.
③ 吴满昌. 公众参与环境影响评价机制研究——对典型环境群体性事件的反思［J］. 昆明理工大学学报（社会科学版），2013（4）：18-29.

（三）利用博弈论方法或量化方法，对环境群体性事件进行数理分析和量化研究，寻求理性认知和对策途径。刘德海等从信息传播和利益博弈协同演化的视角，解构了环境污染群体性突发事件的演化规律，同时考虑了信息匮乏、信息过剩和虚假信息等复杂的信息特征，指出：在协商谈判的权利博弈结构下，周边群众高估赔偿值将导致抗议行动的长期化，地方政府和污染企业信息匮乏将延缓事态妥善处置的过程，在暗箱操作的权利博弈结构下，随着地方政府加大舆情引导措施，环境污染群体性突发事件发生的周期逐渐增大，而且均衡状态下参加抗议人数的比例也逐渐下降；并在 NetLogo 平台上进行基于多主体的社会仿真分析。① 刘德海等也基于对化工企业立项决策与周边居民抗议行动的斯塔克伯格博弈的考虑，构建了环境污染群体性事件的扩展式演化博弈模型，但以心智模型简化了求解过程，比较后发现，两种演化解均反映博弈双方在稳定状态下的策略选择，但是心智模型演化解更贴近实际情况。② 刘杰、刘德海也曾根据计雷的动态网络博弈技术，针对群体性事件同时具有事态发展的高度不确定性和社会冲突的矛盾对抗性两个特征，将动态博弈网络技术与讨价还价理论相结合，得出了事态演化的均衡路径。③ 沈炎、刘德海等根据地方政府提供经济补偿和部署警力两种处置策略，构建了应急处置的优化模型，比较了经济补偿、部署警力妥善处置和处置不当事态恶化的三种情境，分别给出了最优的理论解。④ 刘金全等根据环境污染群体性事件信息传播的阈值特征和类型特征，运用 Kermack-Mckendrick 传染病模型，构建了环境污染突发事件的信息传播模型，研究发现：在谣言的自身传播过程中，谣言传播者的人数先单调增加，达到一个最大值，然后单

① 刘德海. 环境污染群体性突发事件的协同演化机制——基于信息传播和权利博弈的视角 [J]. 公共管理学报，2013（4）：102-113；刘德海，陈静峰. 环境群体性事件"信息-权利"协同演化的仿真分析 [J]. 系统工程理论与实践，2014（12）：3157-3166.

② 刘德海，韩呈军. 环境污染群体性事件的扩展式演化博弈模型 [J]. 电子科技大学学报（社科版），2015（5）：25-31.

③ 刘杰，刘德海. 环境污染群体性事件基于讨价还价的动态博弈网络技术模型 [J]. 中国人口·资源与环境，2016（5）：70-74.

④ 沈焱，等. 经济补偿与部署警力：环境污染群体性事件应急处置的优化模型 [J]. 管理评论，2016（8）：51-58.

调减少并趋于零；地方政府对谣言传播施加有效的控制措施，能够降低谣言传播的最大阈值，促使事态尽快收敛。① 郑君君等在综合考虑长远影响和整体利益的情况下，考虑信息交互并引入舆情引导，用演化博弈和优化理论探讨监管部门应如何有效地处置环境污染群体事件这一问题。② 郑君君等也基于心理因素分析，运用行为信息传播模型与动态优化理论研究了政府对环境污染群体事件的解决问题。③ 周晔、蔡栋则运用演化博弈理论及仿真方法，研究了环境群体性突发事件中地方政府不同应急处置措施对事态演变的影响。④ 朱德米、虞铭明则运用社会心理理论和演化博弈模型解释了城市环境群体性事件演化的决定因素，并且以昆明 PX 事件为例，用实证数据论证了愤怒、恐惧情绪指数及群体的情绪感染在该类事件中起到的作用，为预防和应对此类事件提出了公共治理的方法。⑤ 普胤杰、龙永秀指出爆发环境群体性事件的根本原因是地方政府、项目企业和当地公众的利益博弈出现了非均衡的结果，通过构建博弈模型，分析出地方政府在博弈中存在的角色错位等问题，并进一步探讨了地方政府应对此类事件的策略。⑥

上述研究以博弈论为理论工具，并结合其他相关科学理论，以模型构建进行演化推理和机制研究，多使用实际的具体案例来进行算例分析，验证理论分析的结论。借助博弈论等理论所进行的研究，以科学分析的手段对环境群体性事件中的利益纠纷、角色冲突、心理因素、发展演化路径等展开了理论探索，极大地增强了社会科学研究中的研究方法导向，对此类研究具有示范效应，只是所得结论多落入已有观点范畴中。

---

① 刘金全，魏玉嫔．环境污染群体性事件的信息传播 Kermack-Mckendrick 模型［J］．电子科技大学学报（社科版），2015（5）：32-36.

② 郑君君，等．基于演化博弈和优化理论的环境污染群体性事件处置机制［J］．中国管理科学，2015（8）：168-176.

③ 郑君君，等．环境污染群体性事件中行为信息传播机制——基于心理因素的分析［J］．技术经济，2015（8）：71-78.

④ 周晔，蔡栋．环境群体性突发事件演化博弈及仿真分析［J］．江苏警官学院学报，2016（4）：70-74.

⑤ 朱德米，虞铭明．社会心理、演化博弈与城市环境群体性事件——以昆明 PX 事件为例［J］．同济大学学报（社会科学版），2015（2）：57-64.

⑥ 普胤杰，龙水秀．环境群体性事件博弈中的地方政府策略研究——从纳什均衡到帕累托最优［J］．广西师范学院学报（哲学社会科学版），2015（5）：99-102.

　　（四）基于社会政治维度，对环境群体性事件进行研究。沈一兵通过对近年来中国发生的十起典型环境群体性事件的剖析，梳理了环境风险与社会危机的逻辑关联，揭示了从环境风险到社会危机的演化机理，指出了环境风险与社会危机之间的因果关联和转化方式与形态，并有针对性地提出了治理对策，防范环境风险和应对社会危机。① 刘岩、邱家林认为环境风险群体性事件的凸显预示着转型社会将面临诸多的"风险冲突"，不仅"风险冲突强度"空前加大，而且"风险冲突环境"也空前扩张；妥善应对风险冲突事件，需要在科学评估公众的风险感知特点和风险承受阈限的基础上强化风险沟通，同时不断建立健全重大项目社会风险评估机制和风险冲突预警应急机制，注重采取复合性治理策略和措施。② 彭小兵、杨东伟撰文指出传统的政府单一管治模式在防治高频率、多地域、社区性、诉求合理的环境群体性事件方面显得难以见效，政府应将经济项目决策中的环境风险与社会风险评估、利益协调、情绪疏导、行为矫正、社区关系调制等服务，交给专业社会工作机构来完成，并支付相关费用，由此形成一种环境群体性事件治理的"政府提供、社会工作组织生产、民众消费"多元服务方式，构筑"政府、社会工作组织、公众、传媒"四位一体、相互监督制约的平衡机制。③ 彭小兵、周明玉探讨了环境群体性事件的演化所遵循的典型邻避情结及情绪感染的个体社会心理机制和群体心理动员方式，提出构筑专业社会工作组织嵌入参与的治理机制有助于缓解邻避心理压力、防治环境群体性事件，让社会工作组织在事前、事中、事后三个阶段充当消解环境群体性事件的支撑力量，并确保在公共决策前开放民意沟通渠道，构建保障社会工作组织有效参与决策的政治吸纳机制。④ 彭小兵亦撰文提出阻滞邻避运动向群体性事件演变，

---

① 沈一兵. 从环境风险到社会危机的演化机理及其治理对策——以我国十起典型环境群体性事件为例 [J]. 华东理工大学学报（社会科学版），2015（6）：92-105.

② 刘岩，邱家林. 转型社会的环境风险群体性事件及风险冲突 [J]. 社会科学战线，2013（9）：195-199.

③ 彭小兵，杨东伟. 防治环境群体性事件中的政府购买社会工作服务研究 [J]. 社会工作，2014（6）：16-27.

④ 彭小兵，周明玉. 环境群体性事件产生的心理机制及其防治——基于社会工作组织参与的视角 [J]. 社会工作，2014（4）：30-40.

应在公共决策前开放民意沟通渠道，获得公民授权，以社会组织充当制度化的代议机构，构建一个以利益均衡格局为基础的制度安排，促进社会力量参与决策，参与经济项目的缔约与运作过程，以提高环境治理效率。① 彭小兵、谢文昌还利用大数据，改进传统个案、小组、社区工作的方法来应对邻避效应，帮助社区居民缓解对环境污染的抗争情绪，建立预防环境群体性事件的社会工作介入机制与路径，讨论了扎根于社区，搭建社区线下数据平台和网络线上数据平台，收集、分析、预判社区居民对环境污染事件的态度、行为反应，挖掘社区舆情信息，捕捉居民心理状态，为服务对象，开展点对点的情绪疏导、困难帮扶、社区反馈、微治理、网络社会工作等专业服务，制定精准关顾策略，达到预防目标。② 彭小兵、谭志恒的研究认为信任缺失是环境群体性事件产生的文化根源及其社会心理因素，因此，有效推动环境群体性事件的多主体合作治理，需要重建社会信任关系，推动信任文化的价值形塑。③ 赵闯、黄粹则基于环境衰退向环境冲突转化，并继而演化成集群行为的逻辑思路，从社会政治层面，对环境群体性冲突的演化路径进行了探究，指出环境衰退是冲突发生的诱因，甚至是冲突的导体或载体，但环境冲突的产生是多种因素共同作用的结果，在非线性的因果链条两端是社会政治因素，环境因素则位于因果链条的中部，需要围绕环境群体性冲突的综合成因，形成合理的应对机制，避免整体性危机和风险。④ 张诗晨、廖秀健对30起环境群体性事件进行实证分析，反思了重大决策社会稳定风险评估机制存在的问题，指出理论上社会稳定风险评估的总体发展方向正确，但实践中公民参与及专家论证远未达到应有效果，政府应站在中立角度，保证尽量多的公民参与决策制定并充分尊重专家论证结果，从而增强公民风险认知与理性

① 彭小兵. 环境群体性事件的治理——借力社会组织"诉求-承接"的视角 [J]. 社会科学家，2016（4）：14-19.

② 彭小兵，谢文昌. 社会工作介入环境群体性事件预防的机制与路径——基于大数据视角 [J]. 社会工作，2016（4）：62-71.

③ 彭小兵，谭志恒. 信任机制与环境群体性事件的合作治理 [J]. 理论探讨，2017（1）：141-147.

④ 赵闯，黄粹. 环境冲突与集群行为——环境群体性冲突的社会政治分析 [J]. 中国地质大学学报（社会科学版），2014（5）：86-100.

判断能力，实现社会风险源头治理。① 覃冰玉则将环境群体性事件看成是中国式生态政治，指出当前中国式的生态政治行动表现为事件性质，关注的主题为具体环境问题，参与主体为广泛的民众，但不存在强有力的领导力量，行动表现为地方性规模，且暴力与非暴力的行动方式并存，生态政治的发展与民众的行动对于国家和政府来讲机遇与挑战并存，生态政治要求政府不断提升治理能力以防范和化解矛盾。② 田丽则从政治认同的角度分析环境群体性事件的成因，认为民众对当地政府的政治认同面临着危机，导致事件极易发生，利益认同的流失是关键原因，制度认同的流失是直接原因，价值认同的流失是深层次原因，有效防范环境群体性事件的发生，必须重构人们的政治认同。③

依托社会政治背景，利用社会政治因素，对中国的环境群体性事件展开研究，显然需要具备较强的逻辑分析和推理联系能力，需要驾驭复杂的社会政治变量。在一定程度上来说，这部分的总体研究并没有触碰最敏感的社会政治根源，基本围绕社会微观层面或社会与政府管理层面进行讨论，与对环境冲突的解决方法相比有很大的相似度，是一种在既有社会政治体制下的治理尝试。而将此类事件完全归结为政治实践讨论的范畴，也未必会产生积极效果。但此类事件的频繁发生，最终要追溯至社会政治分析，只是需要谨慎、理性地逻辑推演。

（五）从互联网媒介所发挥的作用出发，对环境群体性事件开展研究。虞铭明、朱德米以社会运动的心理、理性取向为理论指导，以系统动力学为分析工具，构建了网络舆情扩散动力学机制作为系统动力学的研究框架，对环境群体性事件进行了系统仿真分析，并根据分析结果为预防和治理环境群

---

① 张诗晨，廖秀健. 重大决策社会稳定风险评估机制反思与完善——基于30起环境群体性事件的实证分析 [J]. 电子政务，2017（4）：95-105.

② 覃冰玉. 中国式生态政治：基于近年来环境群体性事件的分析 [J]. 东北大学学报（社会科学版），2015（5）：495-501.

③ 田丽. 从政治认同的角度探究环境群体性事件的原因与防范 [J]. 前沿，2014（9）：28-31.

体性事件提出了建议。① 李春雷、凌国卿撰文指出在传统社群势微的情况下，环境群体性事件借助微媒介转移到线上，一种基于微传播形成的微社群极为凸显，该社群驻扎线上却又留存了线下特征，且能迅速达至集群行为，该文通过 SPSS 软件的数据分析，以量化和质化相结合的研究方法，将微社群的动员网络转化成量化指标进行测量，研究发现，微社群在环境群体性事件中，利用微传播构建了具有现实参与属性的关系网络，并作为微社群合意传播的基本条件，该文也将微社群的动员网络置于微权力的框架中做进一步的分析和讨论。② 李春雷、舒瑾涵运用 SPSS 软件对数据进行分析发现，环境传播视域下新媒体动员机制呈现深刻的内在逻辑：新媒体对底层群体的认知、态度与行为的搅动为底层环境参与带来了新的契机，而其中民众情感的宣泄则将三者串联成系统的动员过程，最终促使了环境风险的进一步外显。③ 方爱华、张解放指出微博往往成为不同利益群体之间争夺话语权的场域，分析了政府、媒体、民众在微博场域中话语表达特点，并提出通过科学传播，实现三个舆论场和谐稳定统一策略，保证各个群体的合理利益，积极构建和谐舆论场。④ 卓四清等从社会利益冲突和信息传播理论角度出发，借助百度搜索指数工具，探索环境群体性事件的演化传播机制，从大数据思维角度提出有效防止环境群体性事件发生的对策，通过线上线下相结合，制定应急管理预案、网络舆情监控、事中应急管控等措施，及时有效地化解环境群体性事件。⑤ 宋广文、董存妮基于社会心理学视角，在说服的视域下从信息加工角度（ELM 模型）探讨 PX 事件的动员机理及应对机制中说服传播的特点，又基于目标受众的具体特征，综合运用各类媒介、选择合适的说服路径及安排

① 虞铭明，朱德米. 环境群体性事件的网络舆情扩散动力学机制分析——以"昆明 PX 事件"为例 [J]. 情报杂志，2015（8）：115-121.
② 李春雷，凌国卿. 环境群体性事件中微社群的动员机制研究——基于昆明 PX 事件的实地调研 [J]. 现代传播，2015（6）：61-66.
③ 李春雷，舒瑾涵. 环境传播下群体性事件中新媒体动员机制研究——基于昆明 PX 事件的实地调研 [J]. 当代传播，2015（1）：50-54.
④ 方爱华，张解放. 环境群体性事件中政府、媒体、民众在微博场域的话语表达——以"余杭中泰垃圾焚烧事件"为例 [J]. 科普研究，2015（3）：19-28.
⑤ 卓四清，等. 新媒体时代环境群体性事件的演化机制及治理研究——以"昆明 PX 事件"为例 [J]. 武汉理工大学学报（社会科学版），2016（4）：576-581.

恰当的说服信息等有利于事件的预防与应对。① 彭小兵、邹晓韵基于经典的 SIR 传染病模型，构建了"宁波镇海反 PX 事件"的网络舆情传播的双阶段传染病模型，对环境集体抗争两阶段的信息传播机理加以对比分析，指出政府处置不当、衍生议题的引入以及微博、意见领袖与网民的非理性介入，促使以居民环境利益诉求为动因的邻避效应，转化为包含有多元主体与官民冲突议题的环境群体性事件，环境群体抗争的治理应针对不同阶段的信息传播机理，通过线上线下的双重引导，设计差异化的防控机制。②

互联网技术的发展，以及电脑和无线网在中国的大范围应用和扩展，使环境群体性事件在线上得到更多便利和快速的传播途径，微博、微信公众号等自媒体也成为环境群体性事件的动员手段。学者们分析了互联网带给传统集群行为的变化，以及对环境群体性事件治理表现出的新特点，这无疑是当代不可忽视的改变，但更为重要的仍旧是实体机制和行为的改变，互联网只是手段，人才是目的。

综上对环境群体性事件的研究，主要从类型学、政府治理与公众参与、模型构建与验证、社会政治维度、互联网环境等方面来展开论述，而逻辑思路多属于问题—原因—对策模式。这些讨论虽然涉及多个关键主题（见图5），但都离不开中国背景和国情，其分析又都离不开一定的理论支持。我们需要从管理、博弈、互联网等角度找到环境群体性事件治理的方法与途径，但也需要基于社会政治理论资源的社会政治分析，并与中国的社会、政治、经济和文化背景相结合，完成全面、系统、深入的演化过程推理和呈现，这个根源不在管理层面，也不在互联网领域，这不是技术能够予以解决的困境，它深深植根于价值观念和制度体系之中，必须敢于直面根本问题，方才可能进行进一步的探究。此外，也有学者从经济根源入手展开对环境群体性事件的研究，如梁枫、任荣明从经济、环境和社会稳定的关系来对环境群体

---

① 宋广文，董存妮. 社会媒体、说服传播与环境群体性事件——对 PX 事件的社会心理学分析［J］. 华南理工大学学报（社会科学版），2017（1）：65-70.

② 彭小兵，邹晓韵. 邻避效应向环境群体性事件演化的网络舆情传播机制——基于宁波镇海反 PX 事件的研究［J］. 情报杂志，2017（4）：150-155.

性事件进行实证研究①；彭小兵、涂君如从财政分权与环境污染的关系来探究环境群体性事件的经济根源②。也有学者从法律角度探讨环境群体性事件，如彭清燕对环境群体性事件司法治理的讨论③；赵立新对环境群体性纠纷中司法救济机制的研究④；任峰对农村邻避型环境群体性事件引入行政诉讼禁令判决的分析⑤等。

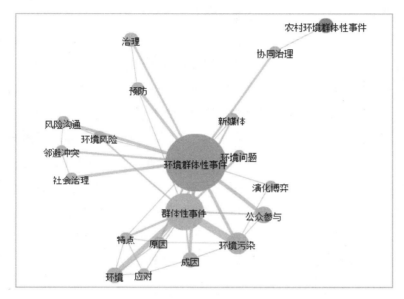

图5　"环境群体性事件"研究关键词共现网络

来源：CNKI

① 梁枫，任荣明．经济、环境与社会稳定——基于群体性事件的实证研究［J］．生态经济，2017（2）：184−189.

② 彭小兵，涂君如．中国式财政分权与环境污染——环境群体性事件的经济根源［J］．重庆大学学报（社会科学版），2016（6）：51−61.

③ 彭清燕．环境群体性事件司法治理的模式评判与法理创新［J］．法学评论，2013（5）：116−121.

④ 赵立新．论环境群体性纠纷中的司法救济机制［J］．江汉大学学报（社会科学版），2009（4）：66−69.

⑤ 任峰．农村邻避型环境群体性事件引入行政诉讼禁令判决的分析［J］．中国农业大学学报（社会科学版），2016（6）：106−112.

三、关于"邻避"问题的研究

有关"邻避"问题的研究在国外自 20 世纪 70 年代便开始发展起来，而国内（仅包括中国大陆，之后同）的研究则主要兴起于 21 世纪，根据 CNKI 的检索结果（在篇名条目下检索邻避），在 2006 年开始出现对邻避现象进行研究的论文，至今，这些论文主要围绕一般性理论探究、公众参与、协商与民主、合理补偿、正义问题、社会冲突与治理、风险问题等思路或角度来开展对邻避现象的研究与探讨。由于中国邻避事件频发的事实背景，相关研究会呈现出基础与应用相结合的特点，在研究过程中，引入事件或案例分析，进行理论推理、定量分析、模型构建或定性分析等研究方法的运用，或者单独应用某研究方法，或者进行综合使用。可以说，国内有关邻避问题的研究论文数量是很大的，自 2013 年开始，论文数量便开始大幅增加，上述主题的研究都显著增长（见图 6）。这种情况反映出，国内学界对中国社会现实的学理关照与关怀，虽然具有滞后性和延迟性，但现实变化与理论研究之间的互动与连通还是在邻避问题的研究中得到了突出表现。

（一）对邻避现象的一般性探究，将理论阐释与实践应用相结合，关涉政府与政治主题，借助对事件与案例的引入与分析。苏珊·亨特（Susan Hunter）和凯文·莱登（Kevin M. Leyden）利用西弗吉尼亚普特纳姆镇的实地调研数据，分析了对有害废弃物熔化炉进行反对的特点，经研究发现，与之前一些基本假设不同，邻避现象的出现并不是来自人们对财产价值和审美需要的看重，而主要是与人们对政府的信任度、对健康后果的恐惧，以及思想意识和人口统计学等因素相关。①伊莱·费纳曼（Eli Feinerman）等则通过研究验证了一个民主的政治过程可以为解决邻避冲突创造充分的机制条件，研究者不是研究规范议题，如福利最大化的选址或者非中心的社区机制，而是采取实证的方法，将政治经济框架与不动产市场竞争模型进行整合，并利

---

① HUNTER S., LEYDEN K. M. Beyond NIMBY [J]. Policy studies journal, 1995, 23 (4)：601-609.

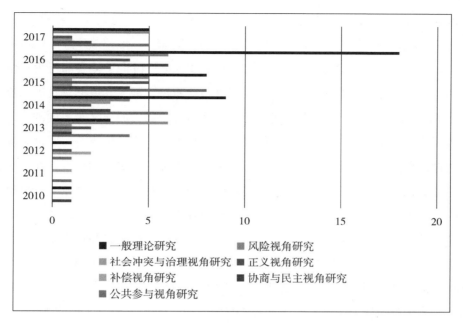

图6 "邻避"研究分类

数据来源：CNKI

用整合而成的理论框架对以色列的案例进行解释和分析。①凯特·比拉姆汉姆（Kate Burningham）以西方为背景认为在20世纪90年代社会科学文献已经从社会原因和抗议的重要性方面来看待在地方层面人们对发展的反对，而不再去聚焦于个人方面的动机了，但研究者仍旧广泛地使用着邻避主义语言，她以一个案例中的数据指出邻避语言仍旧在选址纠纷中扮演着中心角色，学术探讨不应该简单地把邻避主义归属于某方，应该更多关注和了解地方发展的多样性和复杂性。② 大卫·莫尔（David Morell）指出有害废弃物处理设施是必需的，人们也同意这一点，但仍然不愿意建在自己的附近，这种设施不可能面对剧烈的地方反对而建立起来，这个困境需要实施基于公平政治的全面

---

① FEINERMAN E. , FINKELSHTAIN I. , KAN I. On a political solution to the NIMBY conflict ［J］. American economic review, 2004, 94（1）: 369-381.

② BURNINGHAM K. Using the language of NIMBY ［J］. Local environment, 2000, 5（1）: 55-67.

废弃物管理策略才能予以解决，其中涉及利益平衡、行为改变、补偿协商、公平选址、信任塑造等全面的革新。① 威廉·弗洛德堡（William R. Freudenburg）和苏珊·帕斯托（Susan K. Pastor）讨论了社会和行为科学家、政策发言人对邻避现象中公众的三种主要看法，即无知或非理性的、自私的和谨慎小心的，认为这三种观点对政策与经验研究的含义是不同的，而政策偏见更容易影响经验研究，三种观点要么无法得到经验支持，要么模糊了讨论焦点，显然需要新的途径来理解造成这种冲突的更大的体系，在可参考的框架下寻求更大的平衡。② 何艳玲则在中国制度变迁的大背景下，指出人们自利动机和社区保护意识的高涨对环境冲突的影响，通过一次垃圾压缩站事件，介绍了邻避冲突产生的原因、特点，并就其解决路径提出了原则性建议，即确立政府中立角色，开通协商性对话渠道，建构面向城市边缘群体的政治吸纳机制。③ 何艳玲运用"动员能力与反动员能力共时态生产"框架，分析并解释了中国式邻避冲突相区别于其他国家（地区）的特殊性。④ 陶鹏、童星聚焦邻避型群体性事件的治理战略与核心机制，在分析邻避情结含义的基础上，提出"预期损失—不确定性"分析框架，并结合中国该类群体性事件现状，得出邻避型群体性事件的四种亚类型，最后，依据从"风险"到"危机"的逻辑顺序，提出具有综合性、主动性、全程性的邻避型群体性事件治理战略框架，并建构了不同治理阶段的核心配套机制。⑤ 陈宝胜对邻避设施、邻避情结、邻避冲突等关键概念进行本土化界定⑥，指出邻避冲突是成本效用分配不均衡的邻避设施的建设和运营所引发的社会利益冲突，它的形成与发展是公民权利意识发展、政治空间默许与鼓励、现代科技

---

① MORELL D. Sitting and the politics of equity [J]. Hazardous waste，1984，1（4）：555-571.

② FREUDENBURG W. R.，PASTOR S. K. NIMBYs and LULUs：stalking the syndromes [J]. Journal of social issues，1992，48（4）：39-61.

③ 何艳玲．"邻避冲突"及其解决：基于一次城市集体抗争的分析 [J]. 公共管理研究，2006（4）：93-103.

④ 何艳玲．"中国式"邻避冲突：基于事件的分析 [J]. 开放时代，2009（6）：102-114.

⑤ 陶鹏，童星．邻避型群体性事件及其治理 [J]. 南京社会科学，2010（8）：63-68.

⑥ 陈宝胜．公共政策过程中的邻避冲突及其治理 [J]. 学海，2012（5）：110-115.

知识发展与环保意识兴起交互作用的结果。① 谭爽、胡象明有针对性地选取环境污染型邻避冲突作为对象，研究冲突管理中政府职能的缺位、错位和越位现象及其原因，并提出重塑风险理念，着眼风险全流程，设立协调机构，理顺释放社会空间等建议。② 谭爽、胡象明也通过对 A 垃圾焚烧厂反建事件的个案研究，证实邻避运动有助于构建整合型环境公民，并梳理了"政府决策""环境 NGO""社区人际网络""媒体报道"四要素在环境公民成长中的作用路径，认为政府应该将社会失序的危机转化为环境公民培育的契机，实现环境 NGO 和社区维权团体在环境公民培育中的各自作用和优势互补，发挥媒体在邻避运动报道中有利于环境公民培育的作用。③ 谭爽又撰文指出邻避运动可促进环境公民社会建构，具体路径包括"运动空间分疏""环境公民生产""环境 NGO 组建""环境公民社会运转与回退"在内的"四步闭环模型"，但由于各起运动的属性、政治资源、社会资源、文化资源等不同，其促进程度亦呈现"阶梯状"差异。④ 郎友兴、薛晓婧则认为在中国，邻避运动只是人数众多，但不姓"公"，不是"公民"运动，而姓"私"，是"私民"的聚集，因此，以"私民"与"私民社会"可以解释邻避运动在中国的出现、频发及运动的实质。⑤ 任丙强、晏蔺围绕着邻避设施建设，在"情""理"和"法"的基础上，指出邻避设施附近居民采取受害者策略、依法策略、媒体动员以及规模化策略等影响政府决策，而政府则采取冷漠、沟通、压制和妥协等策略进行应对，双方以及社会都付出了较大的社会成

---

① 陈宝胜. 邻避冲突基本理论的反思与重构 [J]. 西南民族大学学报（人文社会科学版），2013（6）：81-88.

② 谭爽，胡象明. 环境污染型邻避冲突管理中的政府职能缺失与对策分析 [J]. 北京社会科学，2014（5）：37-42.

③ 谭爽，胡象明. 邻避运动与环境公民的培育——基于 A 垃圾焚烧厂反建事件的个案研究 [J]. 中国地质大学学报（社会科学版），2016（5）：52-63.

④ 谭爽. 邻避运动与环境公民社会建构———项"后传式"的跨案例研究 [J]. 公共管理学报，2017（2）：48-58.

⑤ 郎友兴，薛晓婧. "私民社会"：解释中国式"邻避"运动的新框架 [J]. 探索与争鸣，2015（12）：37-42.

本。① 李德营指出邻避冲突的局限促使其仅能保护当地免受邻避设施的直接危害，这种抗争行动难以适用于乡村地区，邻避冲突对于城市地区环境矛盾的解决容易推动邻避设施向乡村地区转移，进而可能引发更为严重的环境矛盾，为此，解决当前中国的环境矛盾需要城乡一体化意义上的环境改革措施。② 马奔、李继朋通过定性比较分析法指出，风险感知与恐惧心理、信任缺失、政府应对失当、谣言传播的条件组合是邻避效应产生的必要条件，针对不同类型的邻避效应而言，风险感知与恐惧心理是污染类邻避效应和污名化与心理不悦类邻避效应产生的必要条件，谣言以及风险感知与恐惧心理、信任缺失是风险集聚类邻避效应产生的必要条件。③ 田亮、郭佳佳提出一个政府角色的分析框架，从市场和社会两个维度分析邻避冲突中地方政府扮演的角色，并以量化模型来解释地方政府行为与策略和邻避冲突发生概率的相关性，进而在提炼国内外建设邻避设施案例经验的基础上，提出了通过强化信息公开机制、协商参与机制、监管预警机制和行政问责机制的路径来推动政府角色的合理定位。④ 原珂则以垃圾填埋或焚烧处理等事件为例，基于公共冲突治理的视角，从政治、经济、文化、社会和生态"五位一体"的层面解析了现阶段此类邻避冲突治理之困境。⑤ 李宇环主要围绕邻避事件治理中政府决策注意力配置及其议题识别展开讨论，通过收集 2007—2014 年的 35 起邻避事件，运用注意力基础观理论，对事件治理中政府注意力配置的过程机制进行分析，并引入张力概念来描述涉及的政策议题，建构了基于价值导向和过程导向的邻避治理的张力议题识别框架，为政府在邻避事件治理中的

① 任丙强，晏蔺．城市邻避冲突：行动者策略模型的构建与阐释［J］．河南社会科学，2015（3）：65-70.

② 李德营．邻避冲突与中国的环境矛盾——基于对环境矛盾产生根源及城乡差异的分析［J］．南京农业大学学报（社会科学版），2015（1）：89-98.

③ 马奔，李继朋．我国邻避效应的解读——基于定性比较分析法的研究［J］．上海行政学院学报，2015（5）：41-51.

④ 田亮，郭佳佳．城市化进程中的地方政府角色与"邻避冲突"治理［J］．同济大学学报（社会科学版），2016（5）：61-67.

⑤ 原珂．邻避冲突及治理之策：以垃圾焚烧事件为例［J］．学习论坛，2016（11）：50-55.

决策选择提供概念框架。① 涂一荣、魏来以辨析和廓清邻避概念谱系为基础，以邻避事件生发与演进过程为逻辑线索，初步构建了一个由邻避对象、邻避态度与邻避行为组成的邻避事件分析框架。② 张国磊基于府际博弈和草根动员的两个维度解释反邻避效应，认为在府际博弈中，项目的正外部性驱动着地方官员的行为动机，权力关系网络决定着博弈双方争夺项目的话语权，博弈结果的非均衡性困境从外部增加了反邻避效应的风险，在草根动员中，地方政府的默许加剧了民众相对剥夺感和不公平感，进而以联名诉求的方式催生舆论施压，"一闹就给"的回应方式推动了效尤效应，引发决策失误，内部加剧了反邻避效应的矛盾。③

对邻避问题的一般性思考，体现了理论研究的学理性和案例研究的例证性的结合，这甚至不只是在这部分表现出的研究特点，在后面不同类别的研究中也存在这样的特点。当然，在这部分，研究者还主要是从政府治理和政治角度来展开或延伸论述内容与范围，特别是国外的研究者会更倾向于与政治制度或政治背景相联系，而这部分的中国研究者，大多数还是对政府治理出谋划策。邻避问题是一个敏感的社会政治问题，虽然，我们在政府、社会组织、企业、公众等诸多主体间徘徊和纠缠，但我们基本上是作为管理问题来予以研究的，我们不会论及制度变革等根本性问题。而国外研究虽然早于国内研究很久，但也没有涉及根本性的变革问题，原因在于其社会政治背景已经不再需要如此大的变化，基本处于管理改革阶段，这与中国背景是不同的。即使如此，对邻避问题的探讨还有许多涉及公众参与、协商和民主、社会冲突等焦点的研究类别，我们在下面对其进行概述。

（二）基于公众参与的研究。这部分研究成果都会在讨论邻避现象过程中，占用一定篇幅来建立与公众参与的联系，将公众参与主题作为原因或对

① 李宇环. 邻避事件治理中的政府注意力配置与议题识别 [J]. 中国行政管理，2016（9）：122-127.
② 涂一荣，魏来. "邻避" 研究的概念谱系与理论逻辑——文献梳理和框架建构 [J]. 社会主义研究，2017（2）：163-172.
③ 张国磊. 府际博弈、草根动员与 "反邻避" 效应——基于国内 "高铁争夺战" 分析 [J]. 北京社会科学，2017（7）：58-68.

策的探讨对象。迈克尔·卡夫（Michael E. Kraft）等着重探讨邻避反应中同公共参与相联系的政治现象，他们利用公众在核废料储存仓库听证会上的证词，对邻避模型中的组成部分进行验证，证词表现出对相应政府机构缺少信任，这应该是对相关政府机构之前的表现和可靠性的理性评价，并认为邻避是一个多维现象，这与流行的认识不同，公众对有关仓库风险技术信息的处理能力要比从邻避型思维的角度上看更强，他们应该获得更多的信息，并能够更好地参与选址决策。①弗兰克·菲舍尔（Frank Fischer）通过两个关于邻避现象的例子，阐述了公民与专家相互协作的调查可以很好地抓住关键点，从而解决特定类型的当代政策问题，一些如邻避现象的恶劣政策问题要求对参与问题的研究做出改变，并将其全面带入主流政策科学的研究当中。② 孙林林（Linlin Sun）等通过对上海和香港两地的比较来研究公共参与对邻避冲突和环境冲突管理的影响，结果发现利益相关者、参与程度、参与方式和时机都会发生影响，而在例子中的项目或计划决策过程中都没有公共参与的情况，在中国大陆，管控型参与、较少的参与途径和延迟性参与对公众接受邻避设施产生负面影响。③托马斯·约翰逊（Thomas Johnson）认为2002年后中国通过一些立法形式，使公众参与到规划制定过程中，促进了体制内环境激进主义的出现，公众也借此可以对官员施压来维护参与规则，但这种现象在环境非政府组织和邻避情况中的表现不同，体制内的环境非政府组织主要致力于长期改善公共参与的制度环境，而邻避现象虽然会与公共参与立法相互作用，但它们主要是寻求自己的局部利益，不像非政府组织，邻避会利用争议性策略对地方官员施加巨大压力而迫使他们开放参与渠道，但两者都会促

---

① KRAFT M. E., CLARY B. B. Citizen participation and the nimby syndrome: public response to radioactive waste disposal [J]. The western political quarterly, 1991, 44 (2): 299-328.

② FISCHER F. Citizen participation and the democratization of policy expertise: from theoretical inquiry to practical cases [J]. Policy sciences, 1993, 26 (3): 165-187.

③ SUN L., ZHU D., CHAN E. H. W. Public participation impact on environment NIMBY conflict and environmental conflict management: comparative analysis in Shanghai and Hong Kong [J]. Landuse policy, 2016, 58 (15): 208-217.

进更加包容性的决策过程和巩固治理改革。① 汤汇浩分析了邻避效应的经济性补偿和社会心理性补偿的关系，根据集体行动理论和邻避效应的特征，提出审慎运用公民参与来实现公益性项目外部效应的内部化，结合上海市实践，对法团主义模式下的公众参与进行了分析。② 何艳玲则指出从"不怕"到"我怕"，业主通过重构对邻避设施的认知而呈现出其主体性，在解决邻避冲突过程中政府应充分考虑业主主体性，开放公民参与，在认知层面建设"不怕"话语体系的配套系统—信任机制。③ 郑卫对北京六里屯垃圾焚烧发电厂规划的公众参与进行了剖析，指出参与困境主要表现在公众参与目的、公众参与主体、公众参与程度和公众参与形式四个方面，技术理性的城市规划传统、政府集权制的规划决策模式、城市规划实施机制过度行政化、邻避设施规划涉及利益的复杂性和公众参与主体能力建设不足是公众参与困境产生的主要原因。④ 黄振威则通过引入利益相关者理论的分析视角，从影响力、合法性和利益性三个标准，将邻避冲突的主体归纳为关键利益相关者、次要利益相关者和潜在利益相关者三类，在分析了中国石油 Y 省 1000 万吨/年炼油项目的决策案例后，认为当前城市邻避设施建造决策中的公众参与呈现出四大特征：公众参与在城市邻避设施建造决策中的强化，关键利益相关者受到高度关注，次要利益相关者的相对忽视和潜在利益相关者的挑战。⑤ 黄振威也指出为了化解日益高涨的邻避冲突，政府决策和公众参与在寻求良性互动的过程中逐渐形成了两种基本决策模式：政府自主决策模式和公众参与决策模式，但中国的情况不同，从 X 市和 G 市处置"PX"项目的对比案例来看，中国正在形成一种"半公众参与决策模式"，其特点可简单概括为"封

① JOHNSON T. Environmentalism and NIMBYism in China：promoting a rules – based approach to public participation [J]. Environmental politics, 2010, 19 (3)：430-448.

② 汤汇浩. 邻避效应：公益性项目的补偿机制与公民参与 [J]. 中国行政管理, 2011 (7)：111-114.

③ 何艳玲. 从"不怕"到"我怕"："一般人群"在邻避冲突中如何形成抗争动机 [J]. 学术研究, 2012 (5)：55-63.

④ 郑卫. 我国邻避设施规划公众参与困境研究——以北京六里屯垃圾焚烧发电厂规划为例 [J]. 城市规划, 2013 (8)：66-71.

⑤ 黄振威. 城市邻避设施建造决策中的公众参与 [J]. 湖南城市学院学报, 2014 (1)：21-27.

闭决策+半开放的政策过程"，这种决策模式目前已成为政府防止决策失误，应对公众挑战的一个重要机制。① 侯璐璐、刘云刚以广州市番禺区垃圾焚烧厂选址事件为例，运用政治分析方法和公众参与阶梯理论，详细探究了公共设施选址事件中各参与方的角色变化及其背后的公众参与机制，并与20世纪80年代日本类似设施选址的案例进行分析对比，研究发现，番禺垃圾焚烧厂选址事件中已出现了咨询型公众参与的雏形，但由于公众权力表达有限，实际上公众参与并未发挥效力，作为解决方案，提出改善邻避设施选址公众参与的三点建议，即公众参与的合法化、公众参与的常态化和公众参与机制的制度化，只有建立起公民实权的公众参与机制，才能根本解决邻避设施选址问题产生的争议。② 刘小魏、姚德超指出城市政府公共管理中"邻避"情绪的显性化是中国新公民参与运动的集中体现，它既深刻反映出公民参与的不完善性，也凸显优化地方政府公共决策机制和程序的必要性，当前，各级地方政府的首要任务是要树立与公民分享决策权力的理念并合理把握公民参与的限度，将有效的公民参与融入公共决策过程中，同时，要围绕发展有效公民参与的要求，进一步优化公共决策机制和程序。③ 王顺、包存宽从理解公众对规划决策的不同参与兴趣出发，认为公众的抗议、反对行为是理性选择的结果，设施规划决策过程中公众参与缺失、参与有效性不足，难以避免邻避冲突，基于公众参与有效性的分析，提出公众参与对规划层次、决策过程介入时机前置，以社区利益共同体的集体行动协同参与优化城市邻避设施决策，减少邻避冲突。④ 崔晶透过科学与社会关系、环境与社会关系以及国家与社会关系三个维度分析了中国邻避抗争的特征和类型，揭示中国邻避抗争中国家、社会、环境、科学之间的关系，寻求缓解中国式邻避

① 黄振威. 半公众参与决策模式——应对邻避冲突的政府策略 [J]. 湖南大学学报（社会科学版），2015（4）：132-136.
② 侯璐璐，刘云刚. 公共设施选址的邻避效应及其公众参与——以广州市番禺区垃圾焚烧厂选址事件为例 [J]. 城市规划学刊，2014（5）：112-118.
③ 刘小魏，姚德超. 新公民参与运动背景下地方政府公共决策的困境与挑战——兼论"邻避"情绪及其治理 [J]. 武汉大学学报（哲学社会科学版），2014（4）：42-47.
④ 王顺，包存宽. 城市邻避设施规划决策的公众参与研究——基于参与兴趣、介入时机和行动尺度的分析 [J]. 城市发展研究，2015（7）：76-81.

抗争的可能路径，并认为在中国现有的政治体制下，由地方政府主导，并由多主体共同组成的治理结构将有助于中国邻避抗争的协商和解决。① 滕亚为、康勇则认为邻避冲突的导火索是公众参与权的严重缺失，这是对公私合作治理模式的严重背离，邻避冲突产生的核心要素主要包括公共利益的优益性导致利益分配不均、公私合作治理理念赢弱造成公众参与不足、权利救济渠道不畅致使补偿机制短缺，以协商性行政决策程序为立足点来探究邻避冲突的解决路径与公私合作治理理念不谋而合。② 魏娜、韩芳认为邻避冲突中新公民参与缺失激化了对抗和非理性的集体行动，新公民参与是对邻避问题扩大化的负面解码过程，认知解放、信息不对称、知识垄断、信任差距等对此有重要影响，提升新公民参与应从制度化建设入手，扩大参与主体，建立决策参与、法律框架、信息沟通、知识分享等制度体系，建立邻避问题的有序、协商与对话机制。③ 杨拓采用模糊德尔菲法，以公众参与、利益补偿、信息公开和风险防范为研究基础，建构邻避冲突行为主体间认知差异评估框架，该评估框架能有效弥补因语义认知差异而产生的评估缺陷，较为完整地表达专家意见，使评估结果更具客观性和稳定性，为揭示不同行为主体对邻避冲突应对策略上的认知态度、寻求不同化解策略在周边民众的真实反映奠定了基础。④ 马奔、李珍珍结合中国邻避事件的一般演化模式，将邻避事件中的公民参与分为三个阶段，即没有公民参与阶段、公民施压开始参与阶段和公民参与后的政策调整阶段，不同阶段的公民参与对邻避设施的公众可接受性存在差异，通过对 S 省 J 市二环南路高架桥规划所引发的邻避冲突研究发现，第一阶段决策中公民参与缺失促进了公众的不满，随着第二阶段公民抗争，施压要求参与决策，事态走向严重，使得政府在第三阶段朝着减轻邻避效应

---

① 崔晶. 从"后院"抗争到公众参与——对城市化进程中邻避抗争研究的反思 [J]. 武汉大学学报（哲学社会科学版），2015（5）：28-35.

② 滕亚为，康勇. 公私合作治理模式视域下邻避冲突的破局之道 [J]. 探索，2015（1）：122-125.

③ 魏娜，韩芳. 邻避冲突中的新公民参与：基于框架建构的过程 [J]. 浙江大学学报（人文社会科学版），2015（4）：157-173.

④ 杨拓. 邻避冲突主体间认知差异评估框架与建构方法——基于模糊德尔菲法的综合运用 [J]. 北京航空航天大学学报（社会科学版），2015（2）：24-30.

的方向修改政策，以此平息冲突，个体特征对邻避设施的满意程度有显著影响，参与机会缺失降低了公众对邻避设施的可接受度，较低的公众可接受度更容易导致压力型参与行为和邻避冲突，参与行为对决策结果的公众可接受性有重要作用。① 李杰、朱珊珊通过多个案例详细分析和对比得出了邻避情结、邻避冲突和邻避事件的发生机制，并且总结出具有共性和普遍价值的政府与公众在邻避事件中的博弈特征，得出公众参与邻避设施选址、建设与维护过程的价值。② 侯光辉、陈通等指出抗议公众"俘获"政府决策，造成的"公众参与悖论"极易导致各方利益"多输"、政府公信力遭疑、民主程序并未因此重建、地方发展失去宝贵机遇的困局，在多元利益格局、公民意识崛起、公信力危机的情境下，利益公众、地方政府、市场和广泛大众对有限的空间权，及其附着的经济权、环境权、政治权的争夺和碰撞是这一困局的本质归因。③ 晏永刚等从公众参与行为主体的视角出发，采用演化博弈理论构建了公众与投资企业的演化博弈模型，分析了公众与投资企业的演化稳定性，以最优策略为假设条件，重点讨论了四种情形下博弈双方策略的演变形态，根据博弈结果从引导公众积极参与和引导投资企业积极考虑公众利益诉求两个方面提出相关政策建议。④

　　以公众参与主题作为切入点或重点论述内容，来开展对邻避现象的研究，体现了对邻避现象核心问题的敏感度，但邻避现象显然不是任何单一因素所造成的棘手问题，正如有的研究者指出的，这是一个综合因素带来的后果，甚至有研究者认为有的时候公众参与会起到反效果，而更多的研究者都支持更加开放的公众参与会为邻避冲突的缓解带来好处。在讨论探索中，也会与政府相联系，也在为政府如何推动和促进公众参与提出建议，并认为这

---

① 马奔，李珍珍. 邻避设施选址中的公民参与——基于 J 市的案例研究 [J]. 华南师范大学学报（社会科学版），2016（2）：22-29.
② 李杰，朱珊珊."邻避事件"公众参与的影响因素 [J]. 重庆社会科学，2017（2）：50-60.
③ 侯光辉，等. 公众参与悖论与空间权博弈——重视邻避冲突背后的权利逻辑 [J]. 吉首大学学报（社会科学版），2017（1）：117-123.
④ 晏永刚，等. 污染型邻避设施规划中公众参与行为的演化博弈分析 [J]. 城市发展研究，2017（2）：91-97.

会有利于对邻避冲突的政府治理，在诸多加强公众参与的建议当中，我们也看到建立或完善有关协商决策、协商对话等类似机制的提议，这也正是我们下面要集中概述的主题。

（三）基于协商和民主的研究。在这部分的研究中，研究者也是在为邻避现象寻求解决出路的过程中，更多论及协商与民主的主题，企图从中找到一个不同于中国以往解决纠纷和冲突的方式，从而走出邻避困境。黄岩、文锦认为，随着公众权利意识的觉醒，对自身利益的关注及政治开放性的增强，公众基于环境利益进行的抗争将会持续地出现，解决邻避冲突可以从建立起一种协商性的公共事务审议机制、一个合理而有效的邻避受害者补偿机制以及缩减冲突的范围等方面着手。① 吴翠丽认为，邻避问题的出现对传统的决策方式提出了挑战，打破了政府—专家的决策制定模式，冲击了命令—控制的决策运行机制，改变了成本—收益的决策评价标准，因而提出建立协商性的公共事务审议机制、促进公众参与、形成多元合作的协同治理格局是有效治理邻避冲突、减少环境异议、建设现代化城市的必要路径。② 刘仁春等指出让公众真正涉入利益攸关的邻避决策中去，通过多元主体充分讨论、协商、对话，在公民参与、风险沟通、利益兼顾、理性互动等方面建构具有内在稳定性的机制，这是保证邻避决策"公共性"得以实现的重要前提。③ 马奔认为只有摆脱传统决策模式的思维禁锢，通过协商式治理和决策，保障公民的参与权和建立多元对话机制等途径，对邻避设施选址规划中的各种问题进行审议讨论，进而促使利益相关者达成共识，才有可能规避设施选址的风险。④ 马奔、李婷亦撰文指出一些地方政府在邻避设施选址决策过程中，通常采用"决定—宣布—辩护"的模式，这种权威家长式的决策模式缺乏与公民的沟通和对话，致使公民的参与权和知情权遭到漠视，是引发"邻避效应"的重要因素之一，协商式民意调查把公民纳入决策过程中，为公民提供

① 黄岩，文锦. 邻避设施与邻避运动［J］. 城市问题，2010（12）：96-101.

② 吴翠丽. 邻避风险的治理困境与协商化解［J］. 城市问题，2014（2）：94-100.

③ 刘仁春，等. 协商民主视阈下公共决策"公共性"的实现——基于转型期我国邻避冲突的考察［J］. 广西师范大学学报（哲学社会科学版），2014（5）：43-49.

④ 马奔. 邻避设施选址规划中的协商式治理与决策——从天津港危险品仓库爆炸事故谈起［J］. 南京社会科学，2015（12）：55-61.

充分的信息、审慎思考的机会和制度化的平台，是邻避设施选址决策中一种有效的公民参与协商方式，当然，协商式民意调查在邻避设施选址决策中的运用，也需要注意群体极化等问题。① 刘超、杨娇也认为目前中国邻避冲突及其治理的突出问题是严重的协商不足，其原因在于协商意识、协商能力以及协商制度不足等，应从树立协商理念、提升协商能力、拓宽协商渠道、丰富协商方式等多方面来寻求以协商民主破解城市邻避冲突治理困局的对策。② 刘超亦指出为应对邻避冲突治理困境，确保信息公开、采用多样的协商方式、发挥社会精英的引导作用和体制内社会组织功能等是基本经验，但是，公众知识背景、政府与公众的协商意识和能力以及民间非政府组织参与作用等存在问题，应从提高公民科学素养、强化协商意识和协商能力、完善协商制度、重视非政府组织作用发挥等方面进一步优化邻避冲突协商治理。③ 杜健勋认为邻避风险正是环境状况变化引起群体利益分歧和冲突这一环境议题背后所隐匿的机制显现，这与环境事务的"谈判者缺席"有关，而"谈判者缺席"是知识精细化掌握与信息异化的结果，以"谈判者在场"收获信任重建与价值凝聚化解邻避风险，需要有效的风险交流与建立在风险交流基础上的环境协商，达到一种多元、互动、参与与合作的邻避风险治理政制结构，这也是通向环境善治的基本路径选择。④ 丘明红、匡自明则提出邻避冲突影响到政治、经济、社会、法律以及政策等不同层面，邻避冲突治理与民主模式的选择关系密切，实践证明，传统代议制民主应对邻避冲突"无能为力"，邻避冲突治理应该建构协商民主和生态民主的新模式，以应对邻避冲突带来的道义及其他挑战。⑤ 周亚越等指出，在中国现实中政府的邻避设施选址决

---

① 马奔，李婷.协商式民意调查：邻避设施选址决策中的公民参与协商方式 [J].新视野，2015（4）：17-21.

② 刘超，杨娇.协商民主视角下的邻避冲突治理 [J].吉首大学学报（社会科学版），2015（3）：1-6.

③ 刘超.城市邻避冲突的协商治理——基于湖南湘潭九华垃圾焚烧厂事件的实证研究 [J].吉首大学学报（社会科学版），2016（5）：95-100.

④ 杜健勋.交流与协商：邻避风险治理的规范性选择 [J].法学评论，2016（1）：141-150.

⑤ 丘明红，匡自明.邻避冲突治理逻辑转换与民主模式建构 [J].哈尔滨工业大学学报（社会科学版），2016（6）：29-36.

策所隐含的"供给"未能满足或充分满足公众的需要，产生"供需"失衡，这是导致邻避冲突的根本原因，依靠协商民主，有助于满足公众在邻避设施选址中的决策参与需要、公正补偿需要、生态环保需要，因而是实现"供需"均衡、治理邻避冲突的基本途径。① 高军波、刘彦随等撰文指出，唯有基于差异化功能定位的利益协商才是解决邻避冲突的根本路径，通过确立邻避设施建设以增进公共服务为目标，组建政府主导、多元参与、共同治理的主体网络，构建嵌入式网络化的供给机制，重构出转型期邻避设施建设的政府—市场—社会多元协同治理模式，给政府、社会、市场搭建一个开阔、互动、协商的载体和平台，引导不同主体的诉求表达、利益协商和服务治理，以超越转型期城市邻避设施建设困境，实现邻避设施有效供给。②

关于协商民主的讨论并非仅仅出现在邻避冲突或现象的研究中，它是多年前就已开始被讨论的主题，研究者将邻避冲突治理与协商和民主问题相联系，似乎是试图挖掘问题根源，从更深的制度层面展开研究和应对。这就不仅涉及与环境保护方面相关的制度改进，事实上，需要更大范围的整体性改革。如果治理棘手的邻避现象能成为推动更大民主变革的突破口，这是一个值得继续予以深入的研究思路。而在这部分有关协商和民主方面的研究中，我们也发现其中涉及关于补偿、公正方面的讨论，这同样是邻避现象中引起广泛探讨的主题。

（四）基于补偿的研究。在这部分的研究中，研究者通常将补偿方式看作解决邻避现象的有效方法，会探讨补偿的可行性，与其他应对方式进行比较，但也有研究者指出补偿并不总是有效的解决方法，在一些案例研究中，补偿无法发挥作用，因此也会有与其他应对方式的综合性论述。迈克尔·奥黑尔（Michael，O'Hare）被认为是最早针对邻避现象进行专门研究的学者，他使用"Not on My Block You Don't"的标题来探讨有害设施选址和补偿策略问题，他认为有害设施在地方选址的失败就是没有处理好对当地居民的补

---

① 周亚越，等. 邻避设施选址决策中的供需分析 [J]. 浙江社会科学，2016（6）：89-94.

② 高军波，等. 超越困境：转型期中国城市邻避设施供给模式重构——基于番禺垃圾焚烧发电厂选址反思 [J]. 中国软科学，2016（1）：98-108.

偿问题而导致的，周围居民遭受了损失（如房产和便利设施），但没有得到合理补偿，除非支付补偿，否则，公益项目还会遭到抵制，而在各个社区中对有害设施进行拍卖的方式，可以实现合理补偿，以及解决选址中存在的策略、效率和公平等问题。①劳伦斯·巴考（Lawrence S. Bacow）和詹姆斯·米尔基（James R. Milkey）对解决地方层面反对有害废弃物选址问题的两种方法进行了对照，认为先买权最终不能解决问题，只能使反对者转向诉讼、组建政治组织、采取公民不服从等策略选择，而补偿等激励方法则抓住了地方反对的基本原因，这种方法更公平、更有效，在政治上更可接受，也比设计一个行政管理机制来发挥作用更合理。②罗宾·格雷戈里（Robin Gregory）等提出可以使用减轻风险和给予补偿这样的鼓励政策，来激励那些有意修建有害废弃物处理设施的各方与潜在的坐落社区之间达成协议，作者设计了一个包括 5 个关键因素的模型，这些关键因素关系到实际条件下计划修建设施的可接受性，这个模型可以用来验证不同鼓励政策的效果，比如，针对有害废弃物处理设施的减轻可感知风险政策和补偿负面影响政策。③ 周丽旋、彭晓春、关恩浩等则通过案例分析指出，垃圾焚烧设施强烈的"邻避效应"不是单纯经济补偿政策可以解决的，应首先利用科学、规范选址、建设与运营，尽可能降低垃圾焚烧环境风险，构建开放型的公众参与城市固体废物处理处置决策机制与公众环保知识宣传机制等，保证公众对垃圾焚烧的信息获取、决策参与和全过程监督，在此基础上，构建体现垃圾运输成本的阶梯式收费机制配合多形式的焚烧设施周围居民生态补偿机制，方能扭转垃圾焚烧设施"邻避效应"为"迎臂效应"。④ 刘小峰从行为与复杂性视角出发，基于计算实验理论与方法构建邻避设施的选址与环境补偿模型，通过资产的经济性贬

---

①　O'HARE M. "Not on My Block You Don't"：facility siting and the strategic importance of compensation［J］. Public policy, 1977, 25（4）：407-458.

②　BACOW L., MILKEY J. Overcoming local opposition to hazardous waste facilities：the Massachusetts approach［J］. Harvard environmental law review, 1982, 6（2）：265-305.

③　GREGORY R., KUNREUTHER H., EASTERLING D.（et al.）Incentives policies to site hazardous waste facilities［J］. Risk analysis, 1991, 11（4）：667-675.

④　周丽旋，等. 垃圾焚烧设施公众"邻避"态度调查与受偿意愿测算［J］. 生态经济，2012（12）：174-177.

值度量邻避设施对居民的影响，通过对主体、环境以及交互规则的描述与分析，最终采用多主体建模方法实现系统的演化结构，模型与计算实验研究了区域人口均匀分布邻避设施在中心、区域人口均匀分布邻避设施在郊区、区域人口非均匀分布邻避设施在中心与区域人口非均匀分布邻避设施在郊区等四种情形下，邻避设施所处社区在按人口补偿和按房屋面积补偿两种补偿方案下的动态演化规律。① 刘小峰亦通过案例指出，多数居民认为邻避设施对自己的家庭生活产生了负面影响，且其风险认知和补偿意愿存在差异，风险认知随着年龄增长呈先上升后下降的趋势，且随着居住时间的增加先经历小幅下降，然后再上升，补偿意愿则随着居民居住时间的增加而减弱，其中年长者的补偿意愿较低，具有一定的地方依附性，相比货币补偿，居民更容易接受实物补偿，该地区居民的邻避行为倾向与其风险认知水平正相关，与其补偿意愿负相关。② 王莹、俞使超认为补偿机制是邻避效应治理过程中较为常见的手段之一，目前对于邻避效应补偿机制的探索主要源于实践摸索，主要采用经济性补偿、社会心理补偿和生态改造补偿等方式，这些补偿方式在理念、内容、效果等方面存在诸多不足，因此，需从治理逻辑层面探讨提高邻避效应治理中补偿机制有效性的对策措施，如地方政府相关决策者应强化补偿意识，同时积极探索建立多元化补偿机制、邻避效应预测机制和货币补偿基准，构建协商民主新模式，重视培育公民社会责任。③ 张向和、彭绪亚根据国外研究者对瑞士废物处理厂的实证研究结论指出，国外的研究说明，补偿金提高不一定能够促使居民对垃圾处理设施建设的支持，但认为在处理中国垃圾邻避问题的过程中，补偿金往往不足。④

对治理邻避效应来说，补偿是一种会增加成功性的方法，但难点在于补

---

① 刘小峰.邻避设施的选址与环境补偿研究［J］.中国人口·资源与环境，2013（12）：70-75.

② 刘小峰.城市居民对邻避设施的风险认知与补偿意愿——石化工业区周边居民调查数据的分析［J］.城市问题，2015（9）：99-103.

③ 王莹，俞使超.邻避效应治理中补偿机制的建立与完善［J］.浙江理工大学学报（社会科学版），2017（3）：252-256.

④ 张向和，彭绪亚.垃圾处理设施的邻避特征及其社会冲突的解决机制［J］.求实，2010（2）：182-185.

偿额度和补偿方式问题，而补偿金不足会刺激所在地居民的情绪和心理，也许会导致严重的反效果，而补偿金额度过高，又是施建方和政府无法承受的，而究竟是金钱补偿，还是实物补偿，哪一个更合适于处理邻避问题，这显然也是一个复杂问题，因为这绝不仅仅是金钱的问题。而最难点在于，在一些情况下，无论补偿多少，居民就是没有意愿接受邻避设施，所以，研究者虽然比较看重补偿所发挥的效果，但显然它还需要其他方面的考虑，比如，正义问题，这也是邻避效应中的一个焦点问题。

（五）基于正义的研究。在这部分的研究中，研究者主要以邻避行为的发起者受到不公正对待为切入点，来探讨邻避效应产生的原因及对策，而有效的应对方法就是实现环境正义。王彩波、张磊认为，邻避设施的后果承担者及其所带来的社会福利享受者之间的不对等性，反映了政府在决策模式、合法性、利益诉求以及治理理念等方面存在着不足，尽管经济学、功利主义学派等都承认了邻避的合理性，但如果加入道德的考量，邻避冲突中凸显的不平等性又是对其正义性最大的挑战。① 朱清海、宋涛指出邻避冲突表面上看是公民对邻避设施产生的负外部性的一种理性抗争，实质上是不同利益相关者的资源动员和社会政治过程，是社会关系与社会结构非正义性的反映，需要通过环境正义定量评价实现承认正义、通过环境信息公开和公民参与实现程序正义、通过利益补偿和社区回馈实现分配正义，防范和化解农村工业化城镇化和城市空间重构过程中的邻避冲突。② 朱晶晶从空间正义视角开展研究，认为邻避选址困境是因未平衡和兼顾各主体利益而造成空间分配正义失衡、未保证利益相关者参与而造成空间过程正义失衡所致，所以，空间正义视角下的邻避设施选址要从对相关利益群体进行多样化的补偿来实现空间利益分配正义，从具体规定公众对邻避设施选址决策的参与程度、参与阶段、参与方式等操作性内容来实现空间过程正义这两个层面寻找出路。③ 王

---

① 王彩波，张磊. 试析邻避冲突对政府的挑战——以环境正义为视角的分析 [J]. 社会科学战线，2012（8）：160-168.

② 朱清海，宋涛. 环境正义视角下的邻避冲突与治理机制 [J]. 湖北省社会主义学院学报，2014（3）：70-74.

③ 刘晶晶. 空间正义视角下的邻避设施选址困境与出路 [J]. 领导科学，2013（1Z）：20-24.

佃利、邢玉立也认为中国邻避设施在空间生产认知、决策过程和结果补偿中存在价值偏离，应该在空间正义的原则下重新定义邻避行动以实现城市权力，促进利益相关者有效参与空间生产决策，科学规划凸显空间性的多元补偿方案，以此寻求邻避冲突的化解之道。① 何艳玲则指出在邻避设施决策和兴建过程中，需要进行科学的规划，开放决策以避免客观邻避争议，进行民主协商以减少主观邻避争议，直面挑战以防止邻避冲突的发生和扩大，将"环境正义"等新议题尽快纳入政府政策议程。② 华启和认为邻避冲突体现出来的是利益需求的冲突、信息共享的冲突、塔西佗陷阱的冲突，其实质是环境正义的缺失，只有确保邻避设施建设的公平正义，实施信息公开、公众参与、尊重公众的知情权和环境权，环境正义对邻避冲突治理的意义才能得以体现。③ 刘海龙提出邻避具有一定的正义性，首先，公民环境权决定了公民可以参与自身环境使用的选择与决策，其次，公民的环境保护义务决定了公民可以对破坏环境的设施建设加以抵制，然而，邻避也有一定的限度，极端个人主义与极端环境主义的邻避都是非正义的，邻避治理只有采取环境正义取向，才能消除邻避的动因，从根本上规避邻避的发生。首先，应明确环境权及其边界，实现承认的正义化；其次，应推进科学全面的环境补偿，实现分配的正义化；最后，要转变邻避设施建设模式，实现程序的正义化。④董军、甄桂认为邻避抗争实质上是居民对邻避设施可能带来的环境非正义的抗争，是对环境权益与负担不公正分配的抗争，政府或企业应该基于环境正义原则预防和消解民众对邻避设施技术风险的担忧，从程序正义、分配正义、承认正义三个维度，去协商、处理、应对邻避抗争。⑤ 俞海山则从政府和公众两方面来分析邻避冲突的正义性，认为从政府行为方面来说，在邻避

---

① 王佃利，邢玉立. 空间正义与邻避冲突的化解——基于空间生产理论的视角［J］. 理论探讨，2016（5）：138-143.

② 何艳玲. 对"别在我家后院"的制度化回应探析——城镇化中的"邻避冲突"与"环境正义"［J］. 人民论坛·学术前沿，2014（6）：56-61.

③ 华启和. 邻避冲突的环境正义考量［J］. 中州学刊，2014（10）：93-97.

④ 刘海龙. 环境正义视域中的邻避及其治理之道［J］. 广西师范大学学报（哲学社会科学版），2015（6）：68-72.

⑤ 董军，甄桂. 技术风险视角下的邻避抗争及其环境正义诉求［J］. 自然辩证法研究，2015（5）：41-45.

项目决策和邻避冲突处理过程中，政府只要让公众充分参与决策并进行充分的信息公开，就能实现程序正义，但是，要实现实体正义，政府必须对邻避项目的周边居民进行相应补偿，包括提供经济补偿和提供正外部性项目，从公众行为方面来说，在邻避项目决策参与和邻避冲突中，只要其目标是谋取正当利益而不是谋取非法利益，采取的是合法手段而不是非法手段，那么就都具有正义性。① 徐谷波、蒋长流指出邻避困境的解决是政府与其他利益相关者持续不断地求同存异、协调合作的过程，需要从信任与共识机制、第三方主体公正性、经济与伦理治理策略思维与执行力等方面着手。② 杨芳通过论述中国台湾地区治理邻避运动的历史经验，指出消解邻避冲突必须以环境正义理念为支撑，坚持永续发展的原则，通过治理的创新，创建社会生活共同体，实现社区的共存共荣。③ 陈云认为邻避风险设施等重大项目的建设不得不考虑风险分配的正义问题，对于邻避风险分配，现实当中存在着接受性与不可接受性、理性经济人与不可计算性、权势群体与弱势群体等之间的冲突性问题，正视这些问题有利于我们确立以自由平等和差别对待为双重指向的分配正义总原则，邻避风险本质上是以生态风险的话语体现出来的，其分配逻辑应当追寻生态正义的价值诉求，并在这个过程中探寻邻避风险分配的生态程序性正义和生态实体性正义之内在进路。④ 刘海龙认为邻避治理的行政强制策略侵害了公民的环境知情权与参与权，不符合环境承认正义要求，可能导致更强烈的邻避行为，经济补偿策略在一定程度上弥补了环境利益的损失，符合环境分配正义要求，但不能全部解决公平问题，还可能导致环境换经济的后果，公众参与策略尊重公民的环境知情权和参与权，在形式上实现了环境程序正义，但由于很难实现公民的"有效参与"，可能导致邻避设施向弱势群体居住区集中的结果，因而，要加强邻避治理的环境正义规范，使邻避各方行为符合环境正义要求，保证治理结果符合环境正义目标，才能

①　俞海山．邻避冲突的正义性分析［J］．江汉论坛，2015（5）：65-69.

②　徐谷波，蒋长流．邻避困境的反思与解决——基于公平伦理与政策理性的双重考量［J］．江西社会科学，2015（2）：187-191.

③　杨芳．邻避运动治理：台湾地区的经验和启示［J］．广州大学学报（社会科学版），2015（8）：53-58.

④　陈云．城市化进程的邻避风险匹配［J］．重庆社会科学，2016（7）：119-127.

从根本上消解邻避的产生。① 刘海龙亦撰文阐明要避免邻避事件的发生，就必须按照环境正义的要求，转变当前的邻避治理模式，让公民参与到决策和管理之中，通过合法程序进行交流和沟通，真正达成有效共识，按照制度规范运行。② 王佃利等在分配正义的视角下，力图阐释和构建以"应得"为核心的分配正义观，关注社会共同体基于共生共在的共同命运，在面临邻避设施选址及建设中不可避免的分歧和冲突时，通过开放式决策培育德性和审议共同善，在参与主体、决策模式及程序、空间的分配等方面追求公共利益和个人利益诉求之间的平衡，从而实现对邻避风险的妥善化解。③

邻避冲突或邻避效应的产生与环境正义主题有着千丝万缕的联系，邻避事件及其争议也总会伴随着正义与否的争论，如何避免环境非正义，让弱势者远离邻避设施的确是一个难题。有时是弱势地区或群体吸引了邻避设施选址，而有时邻避设施建成又会吸引一些弱势群体居住在附近，而无论是程序正义、分配正义、承认正义，还是空间正义，都要面对邻避设施不会远离弱势地区或群体的现实，所以，最终还是补偿正义的问题，而谈论补偿又会陷入一个困境，正如上文概述所指出的。这一个一个困境不是孤立的难题，而是一个社会性难题，因此，需要社会性的探讨与研究。

（六）基于社会冲突与治理的研究。在这部分，研究者会结合社会组织、社会学习、社区建设等社会建构性主题来开展研究，更注重从社会领域寻找分析思路和解决办法。罗杰·卡斯佩尔（Roger E. Kasperson）等认为当时美国的邻避冲突无法解决，原因很多，但特别来自社会失信，他们认为影响信任的四个关键维度是对承诺、能力、关怀和可预测性的感知，人们在社会关系中的期望遭到破坏而导致了社会失信，对美国社会制度和领导者的信任缺失，再加上公众对健康、安全和环保不断增加的关注，这些方面综合造成了

---

① 刘海龙. 环境正义视角下邻避治理的反思与前瞻［J］. 前沿，2016（1）：24-27.

② 刘海龙. 环境正义视角下邻避治理模式的重构［J］. 南京林业大学学报（人文社会科学版），2016（1）：17-23.

③ 王佃利，等. "应得"正义观：分配正义视角下邻避风险的化解思路［J］. 山东社会科学，2017（3）：56-62.

对有害设施选址修建的高度争议性。①罗里特·谢姆托夫（Ronit Shemtov）以6个邻避运动组织作为比较对象，解释了为什么一些社会组织可以拓展它们的目标，而其他的社会组织却不能，研究发现，友情网络对目标拓展有帮助，而地方政治网络在某种条件下也有帮助。②李照作认为邻避冲突的影响远远超出了经济范围，很容易演变成群体事件，邻避冲突的管理不能简单依靠经济补偿的方法，邻避冲突在未来将会更广泛地出现，邻避冲突背后反映出来的社会因素对未来社会管理的启示价值值得关注。③王涵指出，在邻避运动的视角下当前社区赖以形成和发展的社会基础和现实条件已发生巨大变化，社区共同体在转型和重构的过程中，其形态和行动机制呈现出新的特征，因此，必须突破传统思维模式，基于对新的社区共同体的认识，更新社区治理理念、革新社区治理体制，进而更为有效地应对邻避运动，化解邻避冲突。④张曦兮、王书明通过关注 D 市 LS 邻避运动的主张本身、主张提出者以及主张提出过程，详细分析事件的社会建构，认为，"技术专家视角"与"生活者视角"存在的四点分歧，导致技术专家与生活者思想观念的差异，而个人与社会关系间无法弥合的裂痕导致了两者之间的冲突，政府应当尝试将此类运动纳入制度轨道，尝试利用社会冲突的正功能促进个人与社会关系的调整，尽管邻避运动能够帮助一些个人达到维护自己利益的目的，然而它仍存在一定的局限性和狭隘性。⑤孙瑶等以深圳市为例，通过分析其自2005 年设立基本生态控制线以来的规划实施历程，发现位于生态管控范围内的社区表现出对基本生态控制线比较强烈的抵触情绪，致使生态线的"邻避"效应显著，基于对生态线邻避问题产生内因的深入剖析，在借鉴国外先

①　KASPERSON R. E., GOLDING D., TULER S. Social distrust as a factor in sitting hazardous facilities and communicating risks ［J］. Journal of social issues, 1992, 48（4）：161-187.

②　SHEMTOV R. Social networks and sustained activism in local NIMBY campaigns ［J］. Sociological forum, 2003, 18（2）：215-244.

③　李照作. 邻避冲突及其对社会管理的启示 ［J］. 郑州大学学报（哲学社会科学版），2013（6）：23-27.

④　王涵. 邻避运动视角下的城市社区治理研究 ［J］. 管理观察，2014（31）：185-188.

⑤　张曦兮，王书明. 邻避运动与环境问题的社会建构——基于 D 市 LS 小区的个案分析 ［J］. 兰州学刊，2014（7）：139-144.

进经验基础上，提出了走出社区对生态线邻避困局的共赢策略，从而有效减少生态保护的社会矛盾和经济代价。① 张乐、童星以 2007—2014 年的 7 个 PX 项目为研究对象，从公众的个体学习、政府厂商的应急学习和媒体的组织学习三个维度，详细讨论邻避冲突中社会学习的机制，并以主动与被动、创新与模仿作为维度，区分出风险社会学习的四种类型，通过历时性的案例比较发现，近十年来，中国社会在有关风险知识、话语权威及其社会关系的生产与保持的过程中出现了令人欣喜的进步，同时负面的、消极的社会学习机制也在逐步固化，这极大地影响了社会矛盾消解和社会风险源头治理目标的实现，因此，有必要努力改善风险的社会学习，增加社会学习的反思性和创新性，力促重大决策的稳评政策落地。②

虽然，邻避冲突或邻避效应是由多层面、多领域、多重因素等复杂情况综合作用而发生的现象，但从所属主要学科研究领域来说，应落在社会冲突领域的研究范畴，其中会有政治学、管理学的学科研究内容交叉，但就目前的研究状况来说，还需要有更多研究者投入从社会冲突和社会治理角度所进行的研究中，这种冲突现象与形式显然对政府与社会的分工协作提出了更高要求，没有社会领域的发展和独立社会组织的参与，单靠政府管理很难产生良好效果，而由此产生的风险隐患也会越来越大。

（七）基于风险视角的研究。这部分研究中，风险观念对研究思路的影响尤为明显，邻避冲突的产生原因与缓解方式都与风险相关联，也会结合环境影响评价和社会稳定风险评价来探讨认知、心理等问题，是环境问题与风险社会、风险沟通等理论的连接。谭爽聚焦个体与群体两个层次，以焦虑心理为核心，分析了邻避项目的社会稳定风险从滋生、蔓延到扩散的生成机理，并以"事件链"理论为支撑，提出着手风险源头，缓解民众焦虑，辨别风险行为、趋利避害，正视社会稳定风险，防止产生次级效应等有针对性的

---

① 孙瑶，等 . 走出社区对基本生态控制线的"邻避"困局——以深圳市基本生态控制线实施为例［J］. 城市发展研究，2014（11）：11–15.

② 张乐，童星 ."邻避"冲突中的社会学习——基于 7 个 PX 项目的案例比较［J］. 学术界，2016（8）：38–54.

防范措施。① 谭爽、胡象明则以核电站为例，聚焦公众风险认知，探讨其对邻避型社会稳定风险的预测作用，并从影响因素入手，提出调控与建立积极风险认知的策略。② 谭爽也以"江西彭泽核电站"为例，从安全、利益、权利和文化几个方面分析了邻避项目社会稳定风险的产生原因，并提出提升项目安全性、改进补偿手段、注重公民权利、塑造健康文化等相应的对策建议。③ 王锋等以北京六里屯垃圾填埋场为个案，通过描述统计、多元回归分析等统计方法，对填埋场周边民众的焦虑情绪、风险认知和邻避态度三者状况及其内在关联进行实证分析，在结论中，焦虑情绪与邻避态度具有显著的正相关关系，在风险认知的 4 个因素——生活品质、环境污染、身体健康、补偿意愿中，补偿意愿与邻避态度存在显著的负相关关系，生活品质、环境污染、身体健康三者均与邻避态度存在显著的正相关关系。④ 张乐、童星认为中国有关"邻避"设施决策的环境影响评价和社会稳定风险评估间的衔接工作仍然处于探索阶段，这给项目的顺利开展带来了很大的不确定性，严重影响了各项风险评估工作的实际效果，推进项目决策"环评"与"稳评"的顺利对接，有必要完善"邻避"设施决策风险评价的法律体系，在风险评价的管理体制和实施机制上做出调整，以风险沟通为桥梁，建立"环评"与"稳评"的长效衔接机制。⑤ 张乐、童星认为要有效摆脱邻避困境，就应从体制上理顺维稳办与其他评估责任主体的关系，建立异地评估与备案审查制度，在技术层面努力提高公众参与的广泛性和代表性，在风险沟通的形式、内容和权重方面做出改善，保障公众充分的知情权和平等的参与权，在法制层面从根本上明确稳评的法律地位，理顺其与其他风险评价法律依据的关

① 谭爽. 邻避项目社会稳定风险的生成及防范——基于焦虑心理的视角 [J]. 北京航空航天大学学报（社会科学版），2013（3）：25-29.
② 谭爽，胡象明. 邻避型社会稳定风险中风险认知的预测作用及其调控——以核电站为例 [J]. 武汉大学学报（哲学社会科学版），2013（5）：75-81.
③ 谭爽. 邻避项目社会稳定风险的生成与防范——以"彭泽核电站争议"事件为例 [J]. 北京交通大学学报（社会科学版），2014（4）：46-51.
④ 王锋，等. 焦虑情绪、风险认知与邻避冲突的实证研究——以北京垃圾填埋场为例 [J]. 北京理工大学学报（社会科学版），2014（6）：61-67.
⑤ 张乐，童星. "邻避"设施决策"环评"与"稳评"的关系辨析及政策衔接 [J]. 思想战线，2015（6）：120-125.

系，从学理上阐明公众邻避情结的路径依赖，加强对公共信任脆弱性的研究，构建风险感知—风险沟通—公共信任的理论分析框架，提升邻避设施项目风险评价的理论指导水平。① 侯光辉、王元地以"阿苏卫垃圾厂抗议事件（1994—2014）"为蓝本，提出了"实在风险—感知风险—社会稳定风险"的邻避风险链系统，对其概念、特征、决定因素和生成机制进行了初步的理论梳理，建构了"邻避风险链评估指标体系"，这一风险"连续统"有助于弥合制度主义与文化主义的风险分歧，为从源头上对重大工程项目进行风险评估、管控和阻断提供理论前提，为邻避危机演化机理研究提供了新的解释框架。② 王佃利、王庆歌认为邻避决策实质上是对利益和风险进行分配的一种风险决策，在对风险认知存在巨大差异的背景下，政府封闭式的决策模式、公民利益诉求表达不畅以及专家遭遇社会信任危机是导致中国邻避困境的主要原因，化解这一困境的关键在于实现公民在公共决策中的有效参与，通过理性对话打破邻避设施"建与不建"的冲突困境，而共识会议作为一种科技风险的民主治理模式，强调公众与专家平等、充分地理解和对话，是实现公民参与的一种有效形式，对化解中国的邻避困境将有着重要助力。③ 李小敏、胡象明从风险认知切入，对导致公众风险认知偏差的个人特征和风险特征进行了分析，揭示了公众风险认知与专家风险认知的差异，并指出公众和政府或专家的风险认知差异与二者之间的信任关系是相互影响的，在此基础上，进一步分析了风险和信任的关系，提出信任和风险关系的风险认知中介作用模型，指出信任是弥合利益相关者风险认知差异的关键因素。④ 杜健勋基于风险知识的专业与信息的异化认为，不同主体在科学知识与社会价值方面会形成不同的判断与体认，这已使中国当前的邻避风险规制陷入不良循

---

① 张乐，童星. 重大"邻避"设施决策社会稳定风险评估的现实困境与政策建议——来自 S 省的调研与分析［J］. 四川大学学报（哲学社会科学版），2016（3）：107-115.

② 侯光辉，王元地."邻避风险链"：邻避危机演化的一个风险解释框架［J］. 公共行政评论，2015（1）：4-28.

③ 王佃利，王庆歌. 风险社会邻避困境的化解：以共识会议实现公民有效参与［J］. 理论探讨，2015（5）：138-143.

④ 李小敏，胡象明. 邻避现象原因新析——风险认知与公众信任的视角［J］. 中国行政管理，2015（3）：131-135.

环，为打破这种循环，需要重塑中国邻避风险规制的合法性，公私合作环境治理的邻避风险规制模式能够平衡风险规制中的科学性与民主性，符合中国社会现实需要，其制度框架由基本制度和操作性制度构成。① 陈玲、李利利考察了北京市某垃圾焚烧项目的决策、建设和运营过程，分析了该项目的社会稳定风险触发机制指出，政府自身的决策及监管行为是触发公共项目"邻避"困境的重要原因，应当转变以往以项目为中心的风险控制策略，建立以政府为中心的主动管理模式和动态实时的、全项目周期的社会稳定风险管理系统。② 吕书鹏、王琼在邻避项目决策与"风险-利益"感知理论基础上，通过对邻避项目决策的主体（地方政府）和客体（受影响民众）的心理和行为进行分析，构建出基于两方主体"风险-利益"感知差异的决策框架，随后通过多案例比较实证分析了该框架。③ 张广利、王伯承认为社会稳定风险之所以最终演化为严重的社会冲突，并非由于邻避项目环境危害巨大而难以遏止和化解，而在很大程度上是根源于不同主体的感知差异以及因之而产生的应对策略和行为选择。④ 王伯承认为邻避项目社会稳定风险的生成路径主要体现为制度安排下社会冲突的"话语博弈—利益对立—公正偏倚"，这种制度性风险形成了邻避项目社会稳定风险的再生产。⑤

从风险主题入手去分析邻避冲突或现象，是一个顺理成章的研究思路，而这里的风险不仅指邻避设施本身的风险，也指由此引发的事件和政府决策所可能带来的社会风险，所以，这不仅是一个自然科学问题，也是一个社会科学问题。研究者通常更关心社会层面的风险，从而也会关注认知、心理、沟通和决策后果等方面。邻避设施的风险是无法避免的，只有依靠科学技术

①　杜健勋. 论我国邻避风险规制的模式及制度框架 [J]. 现代法学，2016（6）：108-123.

②　陈玲，李利利. 政府决策与邻避运动：公共项目决策中的社会稳定风险触发机制及改进方向 [J]. 公共行政评论，2016（1）：26-38.

③　吕书鹏，王琼. 地方政府邻避项目决策困境与出路——基于"风险-利益"感知的视角 [J]. 中国行政管理，2017（4）：113-118.

④　张广利，王伯承. 邻避项目社会稳定风险的认知塑造：建构与反思 [J]. 社会建设，2017（2）：76-86.

⑤　王伯承. 邻避项目社会稳定风险的制度归因：路径与后果 [J]. 地方治理研究，2017（2）：35-45.

的进步来改进，但也许随之而来的是更大的风险，但人们对风险的感知并不取决于邻避设施本身的风险，而与信任与沟通的关系更为密切，这正是克服困境应该努力的方向。

此外，还有基于影响因素的研究（杨槿、朱竑①；王奎明等②；张乐、童星③；胡象明等④；刘冰⑤；刘超、吴诗滢⑥；晏永刚等⑦）、基于演化过程与生成逻辑的研究（侯光辉、王元地⑧；田鹏、陈绍军⑨；谭爽、胡象明⑩；夏志强、罗书川⑪；朱正威、吴佳⑫；汤志伟等⑬；王佃利等⑭）、综

---

① 杨槿，朱竑. "邻避主义" 的特征及影响因素研究——以番禺垃圾焚烧发电厂为例 [J]. 世界地理研究，2013（1）：148-157.

② 王奎明，等. "中国式" 邻避运动影响因素探析 [J]. 江淮论坛，2013（3）：35-43.

③ 张乐，童星. 公众的 "核邻避情结" 及其影响因素分析 [J]. 社会科学研究，2014（1）：105-111.

④ 胡象明，等. 政府行为对居民邻避情结的影响——以北京六里屯垃圾填埋场为例 [J]. 行政科学论坛，2014（6）：1-3.

⑤ 刘冰. 邻避设施选址的公众态度及其影响因素研究 [J]. 南京社会科学，2015（12）：62-69；刘冰. 风险、信任与程序公正：邻避态度的影响因素及路径分析 [J]. 西南民族大学学报（人文社会科学版），2016（9）：99-105.

⑥ 刘超，吴诗滢. 影响居民参与邻避抗议的认知因素分析 [J]. 湖南财政经济学院学报，2016（2）：148-155.

⑦ 晏永刚，等. 污染型邻避设施规划建设中引发邻避冲突的影响因素及对策机制研究述评 [J]. 科技管理研究，2017（9）：196-202.

⑧ 侯光辉，王元地. 邻避危机何以愈演愈烈——一个整合性归因模型 [J]. 公共管理学报，2014（3）：80-92.

⑨ 田鹏，陈绍军. 邻避风险的运作机制研究 [J]. 河海大学学报（哲学社会科学版），2015（6）：36-42.

⑩ 谭爽，胡象明. 公民性视域下我国邻避冲突的生成机理探析——基于10起典型案例的考察 [J]. 武汉大学学报（哲学社会科学版），2015（5）：36-43.

⑪ 夏志强，罗书川. 分歧与演化：邻避冲突的博弈分析 [J]. 新视野，2015（5）：67-73.

⑫ 朱正威，吴佳. 空间挤压与认同重塑：邻避抗争的发生逻辑及治理改善 [J]. 甘肃行政学院学报，2016（3）：4-12.

⑬ 汤志伟，等. 媒介化抗争视阈下中国邻避运动的定性比较分析 [J]. 广东行政学院学报，2016（6）：48-57.

⑭ 王佃利，等. 从 "邻避管控" 到 "邻避治理" 中国邻避问题治理路径转型 [J]. 中国行政管理，2017（5）：119-125.

述型研究（王佃利、徐晴晴①；吴云清、翟国方等②；董幼鸿③；陈宝胜④；高新宇⑤；夏志强、罗书川⑥；李佩菊⑦；李云新、刘春芳⑧；王刚、宋锴业⑨；杨雪锋、章天成⑩）、基于城市与工程规划的研究（郑卫⑪；郑卫、欧阳丽等⑫；黄有亮等⑬；钟勇、郑卫等⑭；卢阳旭等⑮；陈晨⑯），也有基于人性、国外经验、法律或法治、经济学、互联网等视角的研究。

　　总体来说，关于"邻避"问题的研究是全面而丰富的，不但主题多样，而且视角多元，定性与定量的方法得到结合使用，交叉性研究的特性

① 王佃利，徐晴晴．邻避冲突的属性分析与治理之道——基于邻避研究综述的分析 [J]．中国行政管理，2012（12）：83-88.

② 吴云清，翟国方，等．邻避设施国内外研究进展 [J]．人文地理，2012（6）：7-12.

③ 董幼鸿．"邻避冲突"理论及其对邻避型群体性事件治理的启示 [J]．上海行政学院学报，2013（2）：21-30.

④ 陈宝胜．国外邻避冲突研究的历史、现状与启示 [J]．安徽师范大学学报（人文社会科学版），2013（2）：184-192.

⑤ 高新宇．"中国式"邻避运动：一项文献研究 [J]．南京工业大学学报（社会科学版），201（4）：41-48.

⑥ 夏志强，罗书川．我国"邻避冲突"研究（2007—2014）评析 [J]．探索，2015（3）：83-89.

⑦ 李佩菊．1990 年代以来邻避运动研究现状述评 [J]．江苏社会科学，2016（1）：40-46.

⑧ 李云新，刘春芳．国内邻避冲突问题研究的回顾与展望——以 CSSCI 数据库文献为分析样本 [J]．武汉理工大学学报（社会科学版），2016（2）：168-173.

⑨ 王刚，宋锴业．邻避研究的中国图景：划界、向度与展望 [J]．中国矿业大学学报（社会科学版），2016（5）：56-68.

⑩ 杨雪锋，章天成．环境邻避风险：理论内涵、动力机制与治理路径 [J]．国外理论动态，2016（8）：81-92.

⑪ 郑卫．邻避设施规划之困境——上海磁悬浮事件的个案分析 [J]．城市规划，201（2）：74-81.

⑫ 郑卫，欧阳丽，等．并非"自私"的邻避设施规划冲突——基于上海虹杨变电站事件的个案分析 [J]．城市规划，2015（6）：73-78.

⑬ 黄有亮，等．"邻避"困局下的大型工程规划设计决策审视 [J]．现代管理科学，2012（10）：64-66.

⑭ 钟勇，郑卫，等．由邻避公用设施扰民反思规划编制体系的改进对策 [J]．现代城市研究，2013（2）：23-29.

⑮ 卢阳旭，等．重大工程项目建设中的"邻避"事件：形成机制与治理对策 [J]．北京行政学院学报，2014（4）：106-111.

⑯ 陈晨．基于博弈论的邻避设施选址决策模型研究 [J]．上海城市规划，2016（5）：109-115.

表现明显，这是一个关系到政治、经济、社会，甚至文化、人性、道德等多重领域与思考范畴的问题。论文所包含的关键词网络（见图7）所覆盖的研究领域已体现出这种多样丰富的特点，与上文所进行的概述分析框架相一致。有关"邻避"问题的研究，已经在数量上超过了关于"环境群体性事件"的研究。实际上，二者在研究主题、内容、方法、视域等方面都存在比较大的交叠部分，甚至在许多例证或案例中，所引用的事件和依据都是相同或类似的。而二者不同的地方在于，邻避问题与城市规划联系更多，而环境群体性事件更多是一种社会现象。从研究上来说，在表面上，邻避更贴近于管理层面，而环境群体性事件更贴近于社会政治层面，但本质上，二者无法分离和割裂。有的时候，研究者们在探讨邻避效应是如何发展成为群体性冲突的，这与环境冲突如何演变为群体性冲突并无二致，这的确是一个值得深究的问题。其原因不只是已经由研究者多次阐明的风险认知、公众参与、政府治理等问题，而是在中国体制背景下，为什么这样的环境群体性事件在近些年能够发生。所以，我们在研究中，要重点解释和讨论的应该是这样的问题。当然，也必须关注到环境资源与能源的变化，如果它们是取之不尽、用之不竭的，冲突爆发的可能性就会极大地降低，也许可以忽略不计。而现在的严重问题是，在自然和社会双重危机之下，人们面对此类问题表现出积极或激烈的态度与行为，有时这种抗议和抵制也被称为环境抗争。

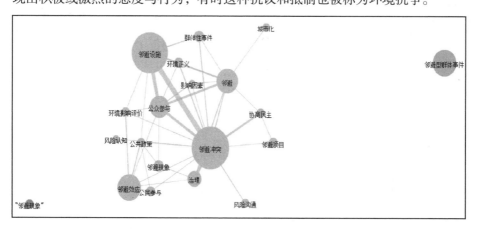

图7　"邻避"研究关键词共现网络

来源：CNKI

四、关于"环境抗争"的研究

通过 CNKI 以篇名进行搜索所得的期刊论文来看，国内关于环境抗争研究的起步阶段与环境群体性事件、邻避问题研究的起始阶段相差不多，而晚于环境冲突研究的开始时期。"抗争"似乎更能反映在面临环境污染或环境伤害时，受害者作为弱势者的心态、地位与身份特征，这也一开始就预示了这是一个独特的行为或行动，在中国社会政治背景下，是让研究者感兴趣、却要谨慎触碰的研究主题。不得不说，在所有四个研究基础和起点当中，环境抗争是最为敏感的一个文献基础，因为至少在名义上这种行动是对现有秩序进行的挑战与突破。在整理和分析文献后，我们将这部分研究主要分为政治学和社会学两个层面的研究（见图 8），此外，也对基于风险、互联网与媒体、综述性、法律等层面的研究做简单阐明。

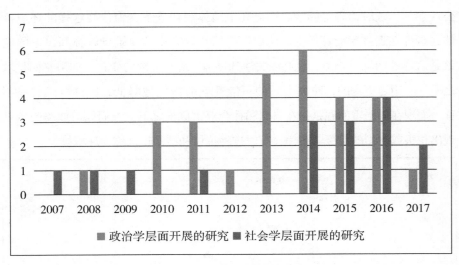

图 8 "环境抗争"研究分类

数据来源：CNKI

（一）从政治学层面开展的研究。在这部分研究中，会涉及政府治理、政治机会结构、知识权力、威权体制等议题的讨论，讨论也会与社会学研究相连通。朱谦认为，厦门 PX 事件的发生，昭示着该项目环评中以环境信息

公开为前提的公众参与的缺位，并进而影响到环境公共决策的正当性，从
PX 项目环评审批，到公众事后的强烈反对，以及厦门市政府的消极应对，
公权力是以刻意规避环境信息的公开来隔绝公众参与的。然而，信息化时代
的信息封锁很难维系，环境公共决策需要政府与公众之间双向信息沟通。①
张玉林则关注农村环境抗争的方式和结局，指出超级上访等抗争形式，基本
都无法彻底解决受害者的问题，而导致暴力冲突的出现，合法途径和非法自
立救济，多以失败告终，政府和企业成为造成环境污染的力量，也成为阻碍
抗争成功的力量，我们更应该关注导致暴力再生产和受害循环的社会政治背
景。② 罗亚娟通过实地调查，发现村民先以破坏工厂的方式与污染企业斗争，
向环保部门反映问题，继而试图通过媒体解决问题，起诉县环保局不作为，
起诉化工厂要求民事赔偿至市中院、省高院，均没有取得预期的结果，污染
问题难以得到有效解决与当前中国的政绩考核机制、职能部门缺乏独立性及
滞后的法律制度等因素有关。③ 任丙强认为，地方政府的治理困境是导致农
民群体抗争呈现出暴力特征的重要原因，地方政府的治理困境表现在，利益
结构的失衡、政府能力危机和信任危机，地方政府因各种利益问题而忽视、
拖延和压制农民的环境诉求，地方政府在整合不同利益群体、保持政府中立
性、管制等方面的能力在不断弱化，农民的政府信任程度也在下降。④ 童志
锋则从集体认同的三个面向，即边界、意识和仪式的角度，对认同建构过程
进行分析，以此揭示中国农民集体行动可能性的条件。⑤ 童志锋亦认为，政
治机会结构作为西方集体行动与社会运动的重要理论，对研究中国农民的环
境集体行动具有借鉴意义，"法治"话语的不断强化为农民的"依法抗争"
提供了维护自身权益的机会，媒体的逐步开放，促发了信息的自由流通，为

①　朱谦. 抗争中的环境信息应该及时公开——评厦门 PX 项目与城市总体规划环评
　　[J]. 法学，2008（1）：9-15.
②　张玉林. 环境抗争的中国经验 [J]. 学海，2010（2）：66-68.
③　罗亚娟. 乡村工业污染中的环境抗争——东井村个案研究 [J]. 学海，2010（2）：
　　91-97.
④　任丙强. 农村环境抗争事件与地方政府治理危机 [J]. 国家行政学院学报，2011
　　（5）：98-102.
⑤　童志锋. 认同建构与农民集体行动——以环境抗争事件为例 [J]. 中共杭州市委党
　　校学报，2011（1）：74-80.

抗争者提供了更多的可动员资源及机会，由于分化的行政体系会降低农民抗争的风险性，促发农民的持续抗争，并为抗争精英的关系运作提供可能的机会，也会为农民集体抗争创造一定的机会空间。① 张孝廷指出，长三角地区环境污染引发的集体抗争事件说明，任何一种抗争事件的发生不仅包含内在机理，即道义先占、利益影响、行动联盟和政治机会结构，还包括行动机制，如触发机制、动员机制、扩散机制和回应机制，抗争事件将政府卷入其中，考验政府预防和化解此类事件的能力。② 曾繁旭等以民众反核事件为例，探究中国环境抗争中媒体与政治机会的关系，认为，在另类媒体上，行动者们借助新技术搭建网络，将"有影响力的盟友"纳入其中，在传统媒体平台上，议题受到的大规模报道和争议放大了精英之间不稳定的同盟关系，为反对行动营造了明确的政治机会，传统媒体和新媒体作为"拓展了的媒介生态体系"协同发挥作用，并通过"媒体循环"进一步推动政治机会升级。③ 陈占江、包智明以湖南省 X 市 Z 地区农民环境抗争经历为例指出，农民的行动选择主要受制于政治机会结构以及国家、企业和农民之间所形成的利益结构的双重约束，中国的制度变迁将封闭的政治机会结构予以有限度的开放，又导致国家、企业和农民之间所形成的利益结构从一体转向分殊，两者的结构转型促发受环境侵害的农民从沉默走上抗争之路。然而，以发展主义为取向的经济制度与威权性格的政治制度之间的高度同构性决定了地方政府无法正确对待农民利益诉求，农民亦无力突破制度的桎梏，改革现行经济政治制度是化解农村环境危机、缓和政府与农民关系紧张的根本之途。④ 吴阳熙指出，中国环境抗争的发生与政治机会结构中的政治机会和政治限制形成一种曲线关系，受到政治机会结构的形塑、规范和限制，政治机会可以从逐步开放的

---

① 童志锋. 政治机会结构变迁与农村集体行动的生成——基于环境抗争的研究 [J]. 理论月刊，2013（3）：161-165.
② 张孝廷. 环境污染、集体抗争与行动机制——以长三角地区为例 [J]. 甘肃理论学刊，2013（2）：21-26.
③ 曾繁旭，等. 媒介运用与环境抗争的政治机会——以反核事件为例 [J]. 中国地质大学学报（社会科学版），2014（4）：116-126.
④ 陈占江，包智明. 制度变迁、利益分化与农民环境抗争——以湖南省 X 市 Z 地区为个案 [J]. 中央民族大学学报（哲学社会科学版），2013（4）：50-61.

政治系统、具有影响力的盟友、行政体系的分化、国家的容忍四个方面得到解释，政治限制可从有限进入的政治通道、有限影响力的联盟以及有限的环境治理能力三个方面得以概括。① 陈涛、李素霞以蓬莱 19-3 溢油事件为例，提出"维稳压力"和"去污名化"是基层政府走向渔民环境抗争对立面的双重机制，其中，维稳压力机制的运转由基层政府"对上负责"体制推动，去污名化机制的运转由市县范围内旅游和海产品出口等经济利益驱动，要扭转基层政府走向渔民环境抗争对立面的格局，其根本在于顶层设计和制度创新。② 沈毅、刘俊雅以 H 村村民针对机场噪声的环境抗争事件作为切入点，揭示了某种高频度、低烈度、缠访型的"韧武器抗争"的生成机制，及其长期拖延而可能造成的系统性信任问题。③ 孙文中利用对闽西关村农民三次环境维权的实地调查资料，展现了农民的环境维权抗争，是抗争各主体进行利益博弈的动态过程，是在转型期由政治权力结构、村庄秩序变更、价值观念转变和理性行为增加共同塑造的，在这一过程中，农民深受传统文化和市场理性因素的双重影响，为实现自身的利益，通常采取制度外的利益表达渠道进行环境维权，且维权策略具有多元性、权宜性和实用性特点，而农民的弱者身份注定了其维权行动的预期目的只能得到部分实现。④ 杨志军认为地方政府面对城市邻避抗争，往往以官方公布停工、停建、改建和移址等处罚型、责令型、道歉型和变更型等决策行为的突发性、临机性和消极性改变作为解决方式，这是"非常规政策变迁"，从历史制度主义来看，这种非常规政策变迁受到内生与外生动因相互影响，具有路径依赖并断续均衡特点，呈现权力运作间不对称关系，结果呈现正面方向发展，从社会冲突的"正"功能来看，消解非常规政策变迁的治理之道是要实现政府治理模式、政策决策

① 吴阳熙. 我国环境抗争的发生逻辑——以政治机会结构为视角 [J]. 湖北社会科学，2015（3）：30-35.

② 陈涛，李素霞. "维稳压力"与"去污名化"——基层政府走向渔民环境抗争对立面的双重机制 [J]. 南京工业大学学报（社会科学版），2014（1）：94-103.

③ 沈毅，刘俊雅. "韧武器抗争"与"差序政府信任"的解构——以 H 村机场噪音环境抗争为个案 [J]. 南京农业大学学报（社会科学版），2017（3）：9-20.

④ 孙文中. 一个村庄的环境维权——基于转型抗争的视角 [J]. 中国农村观察，2014（5）：72-81.

体制、社会组织功能和社会民众心理四个方面的转变。①

（二）从社会学层面开展的研究。在这部分研究中，研究者更关注环境抗争发生的社会背景，包括文化背景、乡土传统格局等，同时，也涉及对社会心理因素的探讨。冯仕政指出中国城镇居民面对环境危害时的行为反应深受差序格局的影响，在遭受环境危害后之所以有抗争或沉默的行为差异，是由于在差序格局下，不同社会经济地位的人通过社会关系网络所能支配和调用的资源不同。② 童志锋在回顾了中华人民共和国成立后环境抗争的进程与特点的基础上，重点对 20 世纪 90 年代中期之后的环境抗争的增长趋势及其各阶段的特点进行了分析。③ 童志锋也通过对发生在福建省 P 县的一起环境抗争运动的分析，展现了组织模式从无组织化到维权组织再到环境正义团体发展的可能路径。④ 景军使用"生态认知革命"及"生态文化自觉"两个理念，对中国西北地区一个村庄的环境抗争之原因、过程、结果予以描述和分析，特别指出，社会科学研究应充分考虑到地方性文化在环境抗争中的特殊意义及地方性文化与中国农民生态环境意识的连接。⑤ 陈晓运、段然通过分析 G 市市民反对垃圾焚烧发电厂选址事件，描述了都市女性参与环境抗争的轨迹，并指出，从出于风险焦虑走出家庭、冲向抗争"一线"反对垃圾焚烧到退回社区开展垃圾分类，环境抗争中的女性的行动选择是"游走于家园与社会之间"，环境抗争是女性参与公共生活的崭新领地，其中，传统文化对女性的规约与女性作为抗争主体的呈现并存，性别角色与抗争的关联值得进

---

① 杨志军. 环境抗争引发非常规政策变迁的历史制度主义分析 [J]. 武汉科技大学学报（社会科学版），2017（3）：289-297.

② 冯仕政. 沉默的大多数：差序格局与环境抗争 [J]. 中国人民大学学报，2007（1）：122-132.

③ 童志锋. 历程与特点：社会转型期下的环境抗争研究 [J]. 甘肃理论学刊，2008（6）：85-90.

④ 童志锋. 变动的环境组织模式与发展的环境运动网络——对福建省 P 县一起环境抗争运动的分析 [J]. 南京工业大学学报（社会科学版），2014（1）：86-93.

⑤ 景军. 认知与自觉：一个西北乡村的环境抗争 [J]. 中国农业大学学报（社会科学版），2009（4）：5-14.

一步挖掘。① 罗亚娟基于沙岗村案例中村民环境抗争行动的结构分析，发现村民们在以"差序礼义"为特征的规范体系内行动，无论是与污染企业主的对抗，还是通过上访与政府发生互动，村民们做出行动决定时，首先都以其自身与企业主、政府的差序性关系定位为基础，行动策略的决定依据于其规范体系中特定关系所对应的礼义规范，村民环境抗争行动具有其独特的乡土意义，脱离村民经验世界中的规范体系理解村民抗争行动的意义，会造成对村民行动的误解、偏见，不利于环境纠纷的解决。② 陈涛、谢家彪通过对大连"7·16"海洋溢油事件的研究发现，农民环境抗争事件中存在维权、谋利和正名三种目标指向，分别旨在维护自身合法权益、骗取赔偿款以及为草根动员者自身恢复名誉，学界需要对"侵权—抗争"的逻辑框架、弱者身份与弱者标签以及媒体建构与科学精神展开反思，环境抗争出现了新态势，即混合型抗争，包括维权、谋利、正名、泄愤和凑热闹等目标指向，社会的原子化和逐利心理、社会转型加速期的社会矛盾和怨恨心理以及地方政府的"维稳恐惧症"是其产生的社会机制。③ 陈涛、王兰平又通过对路易岛的环境抗争研究指出，环境污染导致经济损失是怨恨心理产生的起点，基层政府的不当行为导致不满对象由肇事企业扩展到了基层政府，而相对剥夺感和法院不受理导致怨恨心理得以再生产，并不断扩散，怨恨心理存在特定的演化逻辑与再生机制，包括由"怨"到"恨"，由个体到群体，由分散到聚集，由原生到次生，怨恨心理既导致了显性的社会后果，也存在潜在的体制外行为。④ 张金俊基于案例研究发现，农民环境抗争大致受到环境维权意识、健康风险担忧、经济利益需求、内心不满情绪以及村庄脉络延续考虑等因素的影响，但各地不尽相同，农民环境抗争的发起者主要是男性的中年人或者是

① 陈晓运，段然. 游走在家园与社会之间：环境抗争中的都市女性——以 G 市市民反对垃圾焚烧发电厂建设为例 [J]. 开放时代，2011（5）：131–147.

② 罗亚娟. 差序礼义：农民环境抗争行动的结构分析及乡土意义解读——沙岗村个案研究 [J]. 中国农业大学学报（社会科学版），2015（4）：59–67.

③ 陈涛，谢家彪. 混合型抗争：当前农民环境抗争的一个解释框架 [J]. 社会学研究，2016（3）：25–46.

④ 陈涛，王兰平. 环境抗争中的怨恨心理研究 [J]. 中国地质大学学报（社会科学版），2015（2）：43–52.

老年人，主体是老年人和妇女，方式主要有环保自力救济、求助媒体和环境信访，总体来说，这些农民的环境抗争是失败的，暴力性惩罚、劝服性规训以及模仿性屈从这三种"社会-心理"机制的合力作用在极大程度上导致了农民从环境抗争走向集体沉默。① 张金俊、王文娟以农村环境抗争为例，基于从"结构-权力"到"社会转型"的研究范式转换，建构了从识别"危险分子"、贴标签、形成负面印象、草根行动者信任危机、政治与道德审判五个步骤的农村青年草根行动者污名化生成机制，分析了他们污名化的放大效应，提出了深化污名研究的若干策略。②

综上所述，从政治学和社会学层面对"环境抗争"开展的研究，相对更加深入，无论从思考深度、理论分析，还是论说风格都更言之有物，切中要害。与"环境抗争"的关键词共现网络（见图9）相一致，许多讨论都涉及农村的环境抗争问题，体现出对中国底层民众生活状态和权利现状的学术关怀，也有许多论述谈及政治机会结构，将环境抗争能否取得效果的可能性与政治层面的利益博弈、体制开放程度等方面相联系，更有一些讨论将环境抗争纳入整个社会文化背景中来直视。在这里，环境抗争及其结果不再仅仅是管理层面的问题，而是深层的社会政治体制困境。而这正是最需要予以正视和着重论述的关键内容。结合详细案例所进行的社会政治研究，为我们呈现出对中国环境现实状况的深层认知，并与研究对象，对产生了这种乱象的社会制度和政治制度提出改革或变革的主张与构想。这部分的研究，被主要分成政治学层面和社会学层面的两部分，但实际上，这两部分是互有渗透、互相作用的。虽然，对分类的要求是不能有交叉，否则无效，但政治社会领域研究的分类，是不可能如此精确的，我们无法将一篇论文或某人的研究严格限定在某一个学科之内，或者某一个主题范畴之下，特别是这种与各学科知识体系和理论成果相结合的"环境抗争"研究阐释框架，更不能囿于这样的要求。既然前面表述为"主要分为"，就说明还存在其他的类别，只不过从

---

① 张金俊. 农民从环境抗争到集体沉默的"社会-心理"机制研究 [J]. 南京工业大学学报（社会科学版），2016（3）：69-77.

② 张金俊，王文娟. 青年草根行动者污名化的生成机制与放大效应——以农村环境抗争为例 [J]. 中国青年研究，2017（3）：67-74.

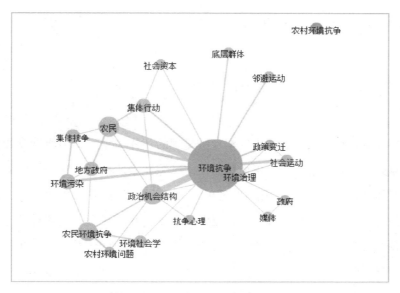

图9 "环境抗争"关键词共现网络

来源：CNKI

论文数量来说并不能与政治学、社会学层面的研究形成同体量的比较，所以没有放在一起论述。那么，除了政治学、社会学层面的研究外，还有从风险角度进行的研究（吴新慧①；朱海忠②；汪伟全③）、综述性研究（杨志军等④；陈涛⑤；张金俊、王文娟等⑥）、互联网与媒体视角的研究（任丙

---

①　吴新慧. 农村环境受损群体及其抗争行为分析——基于风险社会的视角 [J]. 杭州电子科技大学学报（社会科学版），2009（3）：40-44.

②　朱海忠. 污染危险认知与农民环境抗争——苏北 N 村铅中毒事件的个案分析 [J]. 中国农村观察，2012（4）：44-51.

③　汪伟全. 风险放大、集体行动和政策博弈——环境类群体事件暴力抗争的演化路径研究 [J]. 公共管理学报，2015（1）：127-136.

④　杨志军，张鹏举. 环境抗争与政策变迁——一个整合性的文献综述 [J]. 甘肃行政学院学报，2014（5）：12-27.

⑤　陈涛. 中国的环境抗争——一项文献研究 [J]. 河海大学学报（社会科学版），2014（1）：33-43.

⑥　张金俊，王文娟. 国内农民环境抗争的社会学研究与反思 [J]. 中国矿业大学学报（社会科学版），2017（2）：41-48.

强①；王全权②）、法律视角的研究（司开玲③；唐国建等④；郭倩⑤）等。

第三节　研究范畴框定

环境群体性冲突并非如事件本身所呈现的那样简单，其中所涉及的因素错综复杂，而且极为广泛。正如我们在文献综述中所提及的那样，如果要对环境群体性冲突进行不加限制地延伸研究，可能会囊括整个社会学、政治学，甚至心理学、管理学和法学，也许还会涉及环境科学、地理科学等诸多学科领域。这样涉猎宽泛的研究能更好地体现出从各个学科角度展开的理论研究和探索的希望与尝试，但这样一种宽泛的研究是研究团队力所不及的。虽然，我们的研究也是一种跨学科的研究，但为了更集中地分析环境群体性冲突的社会政治因素，我们将主要在环境冲突、环境群体性事件、邻避现象和环境抗争等研究基础上来开展研究，并且，主要吸收其中有关社会、政治、治理方面的理论观点与论述，而有限涉及法学、心理学和其他自然科学等领域相关内容。当然，除非必要，不做进一步分析。这也并不意味着，我们在论述中不会以其已有理论或观点作为参考，我们的论述不可避免地会提及一些相关知识内容。特别指出的是，环境运动作为一种理论资源，仍旧会出现在论述当中，只是我们不会将环境群体性冲突作为一种环境运动来看待。同时，我们并未对城市与农村的环境群体性冲突做出区别性论述，而是进行整体论述，并不是因为我们忽视了二者的区别，而是我们的研究主要聚

---

① 任丙强．网络、"弱组织"社区与环境抗争［J］．河南师范大学学报（哲学社会科学版），2013（3）：43-47.

② 王全权，陈相雨．网络赋权与环境抗争［J］．江海学刊，2013（4）：101-107.

③ 司开玲，农民环境抗争中的"审判性真理"与证据显示——基于东村农民环境诉讼的人类学研究［J］．开放时代，2011（8）：130-140.

④ 唐国建，吴娜．蓬莱19-3溢油事件中渔民环境抗争的路径分析［J］．南京工业大学学报（社会科学版），2014（1）：104-114.

⑤ 郭倩．生态文明视阈下环境集体抗争的法律规制［J］．河北法学，2014（2）：124-131.

焦于二者的共性来展开讨论，如果确有必要，我们会在论述中做出个别说明。

我们研究主题的关键词是"环境群体性冲突"，而在研究文献中，主要是以"环境群体性事件"来表现的。我们把研究对象确定为环境群体性冲突，而不是称为环境群体性事件，主要是为了突出它的社会政治关联性，同时，也为了更好地吸收环境冲突、邻避事件和环境抗争的研究成果。虽然，中国的环境群体性冲突是"事件性"的，但我们不能不对其社会政治因素做更加深入的剖析，这也正是开展这项研究的价值所在。

第四节　研究思路与方法

一、研究思路

本书的写作来自对现实问题的观察和思考，并对大量的相关文献资料进行搜集、整理和分析，从而确定了研究所依据的现实关照和可资利用的理论观点，并在后续的研究中不断丰富理论资源。在此基础上，与概念辨析相结合，提出研究问题，将环境群体性冲突作为一个不同于环境运动的研究对象来加以讨论。随之，讨论由环境匮乏向环境冲突的转化问题，论及多种相关因素的连锁效应，但特别指出社会政治因素的关键作用。之后，分析由环境冲突向集体行动的演化逻辑，也就是最终环境群体性冲突的形成过程，并对其中隐藏的各种问题进行自反性思考，而这些隐蔽问题也是中国环境群体性冲突的特有现象，与特殊的社会政治背景因素紧密相连，构成集中分析和讨论的焦点。最后，论及环境群体性冲突的治理理念与架构，根据社会、政治、经济和文化等因素设计了基本理念和预防指标体系，并给出了一个整合性的协同治理架构，综合利用政府和社会的合力来缓解环境群体性冲突，也是对环境匮乏到环境冲突，再到集体行动转化过程的应对。（见图10）。

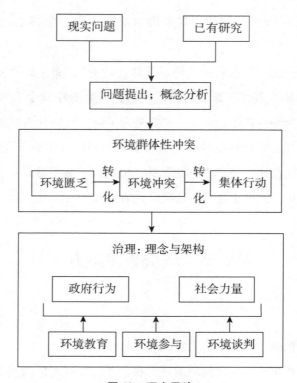

图 10　研究思路

二、研究方法

（一）文献研究法，本研究对大量的文献资料进行了综合性整理、分析和总结，对其中的观点进行分类论述，为系统研究准备了理论基础。

（二）尝试部分借鉴 PEST 分析法，特别利用政府、社会等外部生态退化因素、内部结构性因素和公众参与构成的解释背景，完成整合性协同治理架构的探索。

（三）有限应用了系统-功能分析和沟通理论，根据政府的社会政治功能，讨论了结构性问题。

第一篇 01

概念及联想

第二章

何为环境群体性冲突？

许多学者在论述中都曾以概念说明作为研究的起点，或作为论文的开头，从而表明和限定自己研究所针对的主题和领域，我们的研究也不会免于这样的论说范式，其主要原因，并不仅仅在于传统论说模式的有效性或合逻辑性，更是在于中国语境下的环境群体性冲突的确有其特定的概念。这种概念本土化后所发生的含义变化，并不少见。国家都有其共性，也会有其独特之处，根据特定语境，对概念也会有不同的分析和解释，更何况"环境群体性"这样的表述，确实是中国研究中所独有的概念现象，不对其进行具体描述、比较和分析，就无法参透中国环境群体性冲突的本质与困境，甚至，如果没有这种概念认知，也许从一开始就会注定研究的失败。

第一节 概念：权力本位与权利本位

我们注意到对环境群体性冲突进行研究的论文当中，研究者会根据群体性事件的定义来界定环境群体性事件，而通常对群体性事件的定义中的关键词包括集体上访、集会、阻塞交通、围堵党政机关、静坐请愿、聚众闹事等。在做了这样的说明之后，再追加一个环境问题的诱因，就会形成对环境群体性事件的概念。有的概念会指出：它是具有一定地域性、攻击性、复杂性、规模性、社会危害性的群体行为。① 而后者引申并加以发挥的概念创作

① 张有富. 论环境群体性事件的主要诱因及其化解 [J]. 传承，2010 (11)：122-123.

也是基于前者的关键界定而来的。还有的概念表述基于《党的建设词典》，对群体性事件描述中的关键词包括：偶合群体、没有合法依据的规模性聚集，对社会秩序和社会稳定造成重大负面影响。① 而环境群体性事件也仍旧是因环境问题引发的这样的群体性事件。② 而有的时候，环境群体性事件甚至直接被界定为一种由环境保护诉求引发的聚众闹事、暴力冲击国家政权机关，扰乱社会秩序、危害公共安全，侵犯公私财产及人身安全的治安事件，具有社会危害性，环境群体性事件的发生是以聚集大批人参与为前提，伴有蓄意煽动、冲击、打砸等恶性暴力行为。③ 这样的概念或定义方式并非个案④，甚至被研究者反复转引，次数之多、共识之广，已经足以使其成为一种对环境群体性事件的权威性概念认知。但我们也注意到，在对环境群体性事件进行界定的时候，在上述充斥了负面认知的概念描述中，也会有"维权、抗争、利益受损、公众参与"等另一部分的内容。我们不会一一列举这些概念了，因为它们的面目几乎是一致的。这类概念一方面显示了对中国环境群体性事件中发生这种群体行为原因的合理性认可，另一方面则是对这种行动方式及其后果的批判或谴责。

这是一种矛盾性的概念认知，也许有很多人不同意我的这个论断，因为通常的社会心理会更倾向于同情你的遭遇，但不能让你的行为来影响我的生活。研究者们纷纷采用了政府文件式的概念界定，并在概念上对环境群体性冲突的后果基本呈现出负面的评价，这与研究中所进行的原因和对策分析是不相一致的，如果没有这样的行为现象，如何有机会去促使研究的出现，并推动政策的改进（环境群体性冲突作为社会冲突的一种，对社会的进步作用不是一个陌生的认识，当然，也并不是没有条件的，我们将在后文中予以论述），所以，我们在中国研究者的成果中所看到的是一种对环境群体性冲突

①　卢先福.党的建设辞典［Z］.北京：中共中央党校出版社，2009.

②　彭小兵，杨东伟.防治环境群体性事件中的政府购买社会工作服务研究［J］.社会工作，2014（6）：16-27.

③　彭小兵，朱沁怡.邻避效应向环境群体性事件转化的机理研究——以四川什邡事件为例［J］.上海行政学院学报，2014（6）：78-89.

④　付军，陈瑶.PX项目环境群体性事件成因分析及对策研究［J］.环境保护，2015（16）：61-64.

的矛盾心理，这也是一种自我保护心理，但一个更为深层的心理特征是：一方面是对权力的屈从，另一方面是对权利的渴望。在讨论中，不时进入我们头脑中的想法就是：如果这种环境问题或伤害发生在这些研究者身上，他们会如何定义这样一种行为呢，是否会脱离矛盾心理，而有一个更为单纯的界定呢。答案仍旧是：不会的。在中国长期的社会政治现实中，公众的性格已经被模塑了，即使发生了这样对自身利益严重侵犯的事实关系，也仍旧无法对长久的心理和思考模式带来颠覆性和全新的改变。在概念界定中所体现出来的权力本位就是：对政府权威的依赖，即使存在信任危机，但只要有可能，就仍旧会构成其全部信念中的首选项。在概念中，所反映的这种研究者心态，就是一切为了政府着想，为政府出谋划策，也就是稳定与秩序才是研究最终的归宿，至今，尚未在对策研究中发现如何使抗争者能够更有效地实现目标的策略或建议，而有关对策的讨论都是针对政府，针对有权力的公共部门。但这似乎是一个无法避免的状态，如果一个政府能够更好地缓解乱局，我们最好还是依从它，而在现实社会中，政府也最有可能发挥这种作用或扮演这种角色。那么，我们不妨以另一种方式再来陈述一下这种观点，以一种可以与此相契合的逻辑，那就是：我们最好通过改进政府来谋求抗争者利益与目标的实现。而我们对权力的屈从，恰恰是因为对权利的渴望，这就是发生在中国的本土转化。在这里，权力并非来自权利，而是权利来自权力。

在概念分析中，论及研究者的权力意识，是一件诡异的事情，事实上，在环境群体性冲突（或环境群体性事件）中的各个主体都处于权力本位意识的状态之下，无论是抗争者，还是体制维护者，无一不是如研究者这样，首先想到的是从权力拥有者那里获得支持，而不是挑战这种权力（有关这部分的论述会在后文中加以展开）。所以，权力本位意识在研究者与被研究者之间，或在研究行为与冲突行为之间形成了一个不曾被突破的罗网，这是一种深层的心理积淀，甚至固化到人们对其完全没有防备，或者，即使在反对它的时候，还是落入它的逻辑前设之中，在用它的逻辑来反对它，最终得到了一个隐蔽的它。我们不能说研究者或实际的冲突方没有权利本位的思考，即权力的合法性是建立在人民同意的基础之上。在经历了全球化所带来的多年影响之后，如果说人们对权利本位全无意识，显然不是事实。在此起彼伏的环境群体性冲突案例中，所体现出的对个体利益或群体权益的维护，那种不管你给出多么冠冕堂皇的理由，也不能侵害我的权利诉求，让我们看到了人们不再完全受控于保证整体利益的魔咒之下，他们渴望自己的权利得到伸张和维护，即使这种权利被认为是一己私利。权利本位存在于研究者和被研究者的观念当中，概念阐释中也承认抗争者是因为权利受损和不公正的对待而走上群体冲突之路，但这不是他们观念中的全部。舶来的主流自然权利观念，生命权、自由权和财产权与生俱来，产生于国家之前，但中国本土的权利观念，人们的权利是政府所给予的。概念中有关环境群体性冲突后果的定性，已经使我们看到了这个概念最终服务的对象，它才是权利的掌管者和分配者，任何人和事，都不能威胁到它的存在。但我们真的要以这种性质的概念来开始对环境群体性冲突的研究吗？

第二节　概念：偏见与中立

对环境群体性冲突的概念认知，并非没有研究者提出另一种性质的界定，而这种界定来自西方知识界及其影响。有研究者指出，群体性事件在西方一般被称为集合行为、集群行为①，与环境群体性冲突相近的概念有环境运动、环境抗议②。也有研究者给出或引用了温和定义或正面界定，如"环境群体性事件是群体性事件中的一种类型，是指因环境污染引发的冲突，由相当数量的民众参与，并以集体上访、游行示威、阻塞交通、围堵地方政府机关、围堵工厂和企业等方式来维权，达到维护民众因环境污染问题而受到侵害的合法权益，具有一定地域性、攻击性、复杂性、规模性、社会危害性

---

① 商磊. 由环境问题引起的群体性事件发生成因及解决路径 [J]. 首都师范大学学报（社会科学版），2009（5）：126-130.

② 荣婷，谢耘耕. 环境群体性事件的发生、传播与应对——基于2003—2014年150起中国重大环境群体事件的实证分析 [J]. 新闻记者，2015（6）：72-79.

的群体行为"①，环境污染诱发的群体性事件基本上属于维权型抗争事件②。甚至有的研究者直接指出，群体性事件并不是一个严格的学术概念，而更多地带有一定的政治色彩，它是中国对近年来由特定群体或不特定偶合群体发起的聚集、抗议等群体活动的描述，最初见于中国的某些官方文件。③

正是由于这种性质概念的存在，我们认为权利本位的意识存在于研究者的头脑中。权利意识并非来自中国本土传统，而是来自西方自由民主观念的影响，受其影响，我们看到了集群行为、环境抗争、环境运动（关于环境运动的论述将在下一部分展开）的表述，而这些表述达到了对环境群体性冲突概念负面定性进行中和的效果。概念界定究竟来源于研究者自己的主观认定，还是现实情形的客观反映，这是一个社会科学领域难解的问题。所以，我们无法给出一个完全中立的概念，原因就在于概念都是主观认识的产物，即使它是对客观事物的反映。这种反映是一种抽象的概括，不是事实再现。但概念不能达到完全中立，并不意味着环境群体性冲突的概念可以任由其他非研究因素所干扰。在中国对环境群体性冲突或环境群体性事件的界定中，不仅仅需要考虑上述两个方面，还要顾及是否逾越红线而背离主导价值观。所以，在中国，用来解决此类问题的所谓主观互证的办法，即看你的概念是否得到同行的普遍认可和使用，是无法真实地发挥作用的，也许还会造成更大的误导。这第三个方面（我们所说的非研究干扰因素）对概念定义的影响，不是刚刚出现，而是已经长期存在的现象，并且在不断强化，由此形成的偏见，甚至变得人们对此习以为常。所以，对中国环境群体性冲突的研究受此所限，即使在具体研究过程中有所突破，但仍旧不能改变在红线左右摇摆的谨小慎微。然而不能把这种概念表述的偏见仅仅归咎于研究者，他们并没有如此狭隘，偏见来自强大的权力体系。而无论西方，还是东方，都不能

① 彭小霞. 从压制到回应：环境群体性事件的政府治理模式研究［J］. 广西社会科学，2014（8）：126-131.

② 于建嵘，中国的社会泄愤事件与管治困境［J］. 当代世界与社会主义，2008（1）：4-9.

③ 刘海霞. 我国环境群体性事件及其治理策略探析［J］. 山东科技大学学报（社会科学版），2015（5）：1-8.

完全冲破人造的、却反过来操控人的体系。在研究中，我们发现在西方也存在对类似冲突形式的污名化，如对邻避冲突的讨论。而这种认知，也直接影响了中国研究者，并被引入环境群体性冲突的研究当中。必须正视邻避冲突、环境群体性冲突中的负面后果，但这种后果并不适合在概念中做定性表述，显然只能在不同的具体案例中做不同的勘定。这种概念中的定性表述违反了中立性规则，已先入为主的偏好对研究造成不可避免的干扰，从而使研究过程和结果偏离正常学术分析的轨迹，徒增质疑和价值贬损。

也许在许多研究者看来，对环境群体性冲突的概念偏见远没有那么明显，甚至微乎其微，但只要存在由非研究因素的干扰而造成的概念偏见，这种偏见就必须予以破除。作为一个对所要研究对象的概括性认知，概念要中立、笼统、模糊。我们不可能将环境群体性冲突以一句话的方式来表达清楚，否则，我们就不需要之后的长篇大论了。所以，在这里，我们倾向于认为，环境群体性冲突就是由环境问题引发的集体抗争。当然，其中的确包含了复杂丰富的内涵，比如，"是什么样的环境问题：发生了，还是未发生"；"是一种集体行动：规模程度"；"是一种环境抗争：暴力或非暴力"，等等。但这些内涵需要我们在具体的讨论中来加以分析，并不需要在概念中明确表明，如概念过于具体，就会限制我们在后面研究中的探索与扩展，这个概念只要能够使大家对环境群体性冲突产生一个大体认识，就已经实现了它的功用，至于进一步的认知，需要研究者和阅读者共同努力来予以完成，也就是说，这不但需要研究者去谋划构思，也需要阅读者发挥理解力。

第三章

环境运动与否？

在进行相关文献整理和分析时，我们曾试图将环境运动纳入正相关的基础文献中来，但我们发现在这部分的研究中，研究者更多论述的是国外环境运动的情况，以及对中国环境治理的启示，而较少有论文以环境运动为题来论述中国正在发生的环境群体性事件。而在环境群体性事件、环境抗争和邻避问题的研究中，却时有"运动"语词出现。显然环境群体性事件或冲突与环境运动有所关联，但在多大程度上二者能够形成一种联系，还是又发生了本土异化，这是一个值得探讨的问题，也会直接影响到我们后面的研究。

第一节 本土认知的差异

在对环境群体性冲突的本土研究中，有研究者引用台湾学者萧新煌教授的观点，将环保运动分为两种类型：污染驱动型与世界观模式，前者是与环境恶化及被害者生存有着密切的关系，为特定的事件所激发；后者是由对地球的健康和平衡的考虑而触发的。① 环境群体性事件也有时被直接称为社会

---

① 胡美灵，肖建华. 农村环境群体性事件与治理——对农民抗议环境污染群体性事件的解读 [J]. 求索，2008（6）：63-65.

运动的一部分①，而有的研究只提出"已见社会运动的端倪"。② 而另一些研究论文则明确表达了不同观点，其中认为"与西方生态政治运动有所区别，当前中国的生态政治行动集中体现为社会大众为实现和维护其环境权益所进行的一系列抵制和反对环境污染与破坏的活动"③；也有针对环境抗争提出，"尽管环境危害往往具有持续性，但人们仍然倾向于'就事论事'，热衷于争取眼前的具体利益，而不关心环境问题背后的公共政策和文化价值问题，相应地，也就难以形成具有组织性和连续性的环境运动"④。还有在讨论邻避问题时认为，在中国，"邻避"运动只是人数众多，但不姓"公"，不是"公民"运动，而姓"私"，是"私民"的聚集，因此，以"私民"与"私民社会"可以解释"邻避"运动在中国的出现、频发及运动的实质。⑤

我们从上述观点中可以看到，有人认为环境群体性冲突是环境运动，有人则认为只是出现了环境运动的迹象，而有人则指出环境群体性冲突与环境运动有区别，不能相提并论。当然，一些否定性观点是在论及环境抗争和邻避问题中出现的，环境抗争、邻避冲突并不等于环境群体性冲突，而且，仍有"邻避"运动的称谓被使用。但对环境抗争和邻避现象的概念化讨论，表现出中国环境群体性冲突的一些特征，即单一事件性、个体化的群体利益、无涉公共体系、不连续、弱组织或无组织、无社会政治目标。而这些特征也同样出现在对环境群体性事件的特征分析中。事实上，没有价值观目标和社会政治诉求，仅仅由个别污染事件驱动而发生的、追求短期利益效果的群体活动，是否能被称为环境运动，值得进一步商榷。而且，中国台湾的社会政治背景与中国大陆并不相同，那里的环境活动也会与这里的环境活动有所不

① 虞铭明，朱德米. 环境群体性事件的网络舆情扩散动力学机制分析——以"昆明PX事件"为例 [J]. 情报杂志，2015（8）：115-121.

② 商磊. 由环境问题引起的群体性事件发生成因及解决路径 [J]. 首都师范大学学报（社会科学版），2009（5）：126-130.

③ 覃冰玉. 中国式生态政治：基于近年来环境群体性事件的分析 [J]. 东北大学学报（社会科学版），2015（5）：495-501.

④ 冯仕政. 沉默的大多数：差序格局与环境抗争 [J]. 中国人民大学学报，2007（1）：122-132.

⑤ 郎友兴，薛晓婧. "私民社会"：解释中国式"邻避"运动的新框架 [J]. 探索与争鸣，2015（12）：37-42.

同，因此，这种环保运动的分类也就未必适合环境群体性冲突的分类。

环境运动并非本土所生，而又是一个舶来语词，之前与之相关联的环境群体性冲突讨论，很多都不加区分地将二者等同起来加以论述。从环境运动那里寻求分析环境群体性冲突或事件的理论资源，为发生在中国背景下的环境群体性冲突谋求理论基础和指导，一方面，这是研究的需要，谋求理论支持，并实现理论延伸；另一方面，也是为了研究得到认可，没有可依托的理论，研究构思将会受到很大质疑，但对环境运动本身却没有太多关注。相比之下，集体行动得到更多的论述，也存在将集体行动与环境群体性冲突直接相连的研究思路。环境群体性冲突与集体行动的联系似乎是自然的，但集体行动并不就是运动，群体行动不一定会形成社会运动。所以，我们在界定环境群体性冲突的概念时，必须澄清其与环境运动的关系，在这里，必须转向认识环境运动和绿色政治本身，这样才能更好地认识和理解对环境群体性冲突的研究。

第二节　认识环境运动与绿色政治：
对政治价值体系的革新

环境运动来自西方，是从 20 世纪 60 年后期学生运动中发展起来的新社会运动。在专业化和对决策者的规范性方面，相对于其他新社会运动，环境运动对政治具有最持久的影响力，并且经历了最广泛的制度化过程。① 环境运动与绿色政治的发展对传统政治的显著影响之一，就是政治价值体系中出现了有关生态主题的思考，生态面相成为政治价值体系的组成部分。政治价值观念包含人们对所希冀得到的具有政治价值的事物的思考与信念，如权利、正义、民主、自由等。政治价值观念是历史的沉淀物，但它与现实政治更加紧密相关，它是人们政治行为的直接动机，没有一套根据社会的政治现

---

① 克里斯托弗·卢茨. 西方环境运动：地方、国家和全球向度 [C]. 徐凯，译. 济南：山东大学出版社，2005：1.

实所建立起来，并得到改善的政治价值体系，人们在现实社会的政治实践与活动必将缺少应有的坐标与意义而无法实现改进与提升。环境运动与绿色政治对政治实践和政治理论的主题与范畴提出挑战，提出了新的价值诉求。它重新考虑人的本质和困境，对人类与自然的关系做出了可辩性的分析；它延伸了道德共同体的边界，为政治道德的思考引入新的对象；它对政治价值基本元素进行生态开掘，完善了人们的价值追求。由此，为政治价值的讨论开辟了新的生态空间。

一、人的本质与困境：人类与自然之关系

对人类与自然关系的分析，以及因此而得到的信念和启示，是绿色政治运动①利用政治思辨与推理处理环境问题的前提之一。安德鲁·道布森甚至满怀信心地说："使生态主义与其他政治意识形态区别开来的是其对人类与非人类自然世界之间关系的集中思考。"② 在环境运动中，对人的基本观念的认识是：人类首先是自然之物，然后才是社会之物，人是自然的一部分，而不是自然的统治者。或者，正如布莱恩·巴克斯特所说："我们人类是一种动物物种。"③ "人类仍是自然的一属，人类社会也不过是人化的自然而已。"④ 无论是从"自然"这一词语的语义学分析上来说，还是从人类的生物起源来讲，人类都与自然无法分离。人类本身具有某些特性，诸如理性、社会性等，但不能因此将人类完全绑缚于"构想世界"之中。人类只是具有一些其他自然存在物所不具有的独特能力，但无法脱离"天然世界"而独立地存在。这些能力与特性也许可以在某种程度上将人类与其他自然之物区别开来，但是人类却不能因此而与自然分开，因为这就像自然世界中任何一类

---

① 在这里，我们会交叉使用绿色政治运动与环境运动，因为二者的区别更多是词汇差别，而不是实质内涵的不同，二者混用不会影响研究探讨的内容。而绿色运动、绿色政治运动、环境运动、环境政治运动、环境正义运动等，都与此相似，其中有必要指出的最大不同就是激进或保守的性质，但在具体的实践行动中却并非泾渭分明，甚至在理论探讨中也来回跳转。

② DOBSON A. Green political thought［M］. London and New York：Routledge，2000：36.

③ 布莱恩·巴克斯特. 生态主义导论［M］. 曾建平，译. 重庆：重庆出版社，2007：103.

④ 刘京希. 政治生态论［M］. 济南：山东大学出版社，2007：85.

物种的特点可以将其与其他物种区别开来一样。①

　　早在古希腊，自然哲学家曾经持有"人类社会构成自然界的一部分，所以，整个自然的秩序和法则应是人类社会的最高法则和范本"②。自然哲学家的这种思维方式在伟大的城邦政治学家亚里士多德那里得到很好的体现，《政治学》中对于城邦产生这一过程的讨论就是在"法自然"的方式下进行的。古希腊时的哲学家和政治学家将自然当作求知的客观对象，保留着对自然应有的尊重和效仿，没有"驾驭自然"的欲望。但是，即使在古希腊，自然从属于人类的性质亦朦胧可见，这在苏格拉底和亚里士多德的论说中已略见一斑。③ 希腊化时期的西塞罗对此又加入了审美和功利的精致论证。④ 当然，这段时期人类与自然的关系基本处于和谐的状态之中，人类敬畏自然，行事遵循着自然法则的指导。

　　伴随历史的进程，人类对自然的观念继续演化，人类与自然的关系也经历着历史的流变。经过中世纪犹太-基督教的传统、启蒙运动的工具理性与机械主义之后，人类的本性离其源头越来越远，人类减少了向自然探索人类本质的尝试，反而开始独断自然的价值，人类要做自然的主人，要将自然去魅，一条人类中心主义的轨迹已经越发地清晰、明显。虽然现代宇宙论的产生，"抛弃了机械的自然观念"，"再次导向目的论"⑤，但人类与自然的对立渗透进思想深层，为了人类的利益必须改造野蛮的自然，成为不证自明的道理。如果对马克思的异化概念加以引申的话，我们会发现人类已经异化于自然，并与其自身、人类物种和他人相异化。⑥ 人类内在本质的变化，使得人类不再关注其与自然的本质联系，人类的智慧只用于"人造世界"的扩张，

---

① HAYWARD T. Political theory and ecological values ［M］. Cambridge：Polity Press，1998：8.

② 丛日云. 西方政治文化传统 ［M］. 哈尔滨：黑龙江人民出版社，2002：202.

③ 色诺芬. 回忆苏格拉底 ［M］. 吴永泉，译. 北京：商务印书馆，1986：30；亚里士多德. 政治学 ［M］. 吴寿彭，译. 北京：商务印书馆，1996：23.

④ 克莱夫·庞廷. 绿色世界史：环境与伟大文明的衰落 ［M］. 王毅，张学广，译. 上海：上海人民出版社，2002：159.

⑤ 罗宾·柯林伍德. 自然的观念 ［M］. 吴国盛，柯映红，译. 北京：华夏出版社，1998：15-16.

⑥ MESZAROS I. Marx's theory of alienation ［M］. London：Merlin，1970：14.

人类的心理与行为完全被占有欲和控制欲所占据和支配，人类还在坚持反对人对人的压迫，却在公开地对自然进行奴役与掠夺。在这种错位的价值观念的支配之下，人类终于陷入了新的困境之中，这就是生态困境。人类所面对的生态困境是指人类的生存境遇和生命的外部支持系统——生态环境——出现了难以解决的危机，不但威胁到人类的生存、发展与进步，还危及其他自然存在的存活。

这种在绿色政治运动的视阈下对人类本质和困境的看法，为合理地进行政治组织和政治安排提出了新的初步的价值导向。政治哲学家曾经假定，人类为了解决自然状态下的难题，才建立了国家，国家产生的目的就是克服自然状态下人与人之间难以解决的冲突或纠纷，保护人们的生命、自由和财产，增进人们的福利，使人们能够更加幸福地生活。如今摆在国家这一人类所创造的政治组织面前的不仅是人与人之间的问题，还有人与自然之间的问题，"在这里，我们的存在、福祉和我们作为一个物种的条件的潜在改善，是与成千上万的其他物种的存在和福祉密不可分的"。① "公地的悲剧"和"污染者的囚徒困境"无不需要人们对此做出新的政治思考与应对，政治活动和政治安排要考虑到人们环境权利的拥有、人们环境利益的分配，以及人类对自然的责任等一系列与生态环境相关的政治问题。实际上，对人类本质和困境的生态思考只是对原有的政治安排的合理化根据做出完善，弥补其中由于现实政治的发展而出现的缺欠，而并未完全排斥那些原来的目的，相反，如果我们用心去理解和体会，便会发现人类社会的冲突与合作同人类和自然之间的摩擦与和谐是相互关联的。在人类历史与自然界的历史之间存在着一种"内在联系"，它们互为前提，并且又都是对方内涵的有机组成。② 没有人类与自然的和谐共处，也就没有人类的繁荣和优良的生活。"公地的悲剧"与"一切人对一切人的战争"在逻辑上没有两样。③

---

① 布莱恩·巴克斯特. 生态主义导论 [M]. 曾建平，译. 重庆：重庆出版社，2007：104.

② 詹姆斯·奥康纳. 自然的理由——生态学马克思主义研究 [M]. 唐正东，臧佩洪，译. 南京：南京大学出版社，2003：41.

③ DRYZEK J. The politics of the earth [M]. Oxford and New York：Oxford University Press，1997：25.

若想人们更容易理解和接受对人类本质和困境所作的生态探讨，更顺利地从生态层面来改善人们的政治生活，一种建立在共同体利益基础之上的生态知识与智慧的培养是必要的。为此，政治道德所关照的领域必须予以扩展，这也是环境运动对政治价值体系所作的进一步革新，那就是：对道德共同体的延伸。

二、道德共同体的延伸：新成员的引入

政治道德所关注的领域已经非常广泛，曾经被自由主义者排斥于政治范围之外的经济行为早已无法摆脱政治的关照，除此以外，政治渗透到社会、文化、心理、地理、性别、人口等诸多领域，可以说，与公共生活相关的方方面面都在政治活动的场所之内，甚至有人认为：个体生活的性质都由权力关系来构成①。一个人可以不为政治而生存，也可以不靠政治而生存，但是他的生存却不能不受到政治活动的影响。政治活动的泛化是无意义的，但是，一味地去政治化也是不明智的。环境运动所带来的最重要的影响之一就是让人们明白：需要正视政治活动场所的扩大。

20世纪以来，人类进入一个巨大的全球不确定性的阶段，并且，这种全球的不确定性存在走向制度化的趋势，如果要对全球人类的整体状况保持敏感性的和大范围的把握，"世界政治"这一概念的范畴就必须扩大。② 现代环境问题的"蝴蝶效应"越发明显，它所引起的连锁反应的巨大广度与范围在认识论上甚至无法预测和知晓。人类与自然的复杂关系和人类所面对的生态困境，逐渐暴露出原有政治道德关照的局限，所以，必须对一些新的政治现象追加思考而做出价值判断。这意味着需要进一步扩大政治活动的场所，为道德共同体增加新的成员，而这种扩大和增加足以起到突破原有政治道德边界的功效。

在传统的政治哲学和伦理学中，是否具有理性思考和判断的能力被设定为衡量能否具有道德身份的基本标志，人类被认为是唯一具有这种能力的存

---

① PHILLIPS A. Engendering democracy [M]. Cambridge：Polity Press，1991：92.
② 罗兰·罗伯逊. 为全球化定位：全球化作为中心概念 [C] //梁展. 全球化话语. 上海：上海三联书店，2002：3.

在，道德关怀所针对的对象是人类，而且，通常情况下只适用于当下同一世代的人类。按照这样的思路，道德共同体被严格地限定于当代人类的界限之内。如果不能改变道德共同体边界的狭隘性，就没有正当理由来对受到当代人类行为所强烈影响，却被排除于道德共同体之外的其他事物进行道德考量，其中所发生的价值缺失和利益损害都将在无意识中变成理所当然的事情。道德共同体的延伸构成了扩展道德关怀的正当性前提，这种延伸通过两个维度展开：一个是时间维度，另一个是空间维度。时间维度的道德延伸指的是将未来世代人类引入我们的道德共同体中，他们的利益与意愿也成为我们进行政治安排和政治行动时需要考虑的依据之一。有人对此表示怀疑，他们对那些还未出生的人类成为权利持有者带有疑问。对疑问的解答是：人类未来是否世代拥有权利并不在于他们是否存在，而在于他们的某些重大利益和需要是否受到严重影响而应该得到保护或补偿。① 又有人认为我们无法对未来世代人类的价值观，以及他们的利益与需要做出清晰的判断。确切和严密的判断的确无法做出，但是，"无论他们将需要什么，他们都不可能喜爱皮肤癌、土壤的腐蚀以及由于冰冠的融化而导致的所有低地地区的消失"②。如果有人认为我们不应该对未出生的人类进行道德关照，因为我们不能知道他们的利益所在，那么他就要证明被破坏的自然世界也可能是未出生的人类所喜爱的，证明的负担在他那边而不是相反。向未来世代人类的道德延伸将产生一个"跨代共同体"③，它向我们提出的更多的是对未来世代人类的道德责任与义务。正如约翰·罗尔斯（John Rawls）所说："现在我们看到，不同时代的人和同时代的人一样相互之间有种种义务和责任。现时代的人不能随心所欲地行动……"④

空间维度的道德延伸是指将动物乃至整个自然纳入道德共同体当中。如

---

① DESJARDINS J R. Environmental ethics：an introduction to environmental philosophy [M]. California：Wadsworth，Inc，1993：88.

② BARRY B. Liberty and justice：essays in political theory [M]. Oxford：Clarendon Press，1991：248.

③ DESHALIT A. Why posterity matters [M]. New York：Routledge，1995.

④ 约翰·罗尔斯. 正义论 [M]. 何怀宏，等译. 北京：中国社会科学出版社，2001：293.

果说时间维度的道德延伸没有超出人类物种的界限，空间维度的道德延展则
完全跨越了这一边界。在这里，理性不再是道德考量的唯一必备要件，动物
和自然整体道德身份的获得将来源于其他的标准。理性思考能力和交谈能力
不能构成那不可逾越的界限，问题不在于它们能否作理性思考，亦非它们能
否谈话，而是它们能否忍受。① 动物保护主义者看到了功利主义的感觉能力
标准在给予动物以道德身份上的突破性力量，从而提出：可以感受到痛苦与
快乐的能力从根本上构成拥有利益的一个先决条件，动物所具有的感觉能力
使人类必须对动物做出平等的道德关注。② 这种方式对道德思考向动物的延
伸起到了一定的作用，但也会延续功利主义理论中一些固有的弱点。所以，
为了使对动物道德身份辩护的基础更加牢固，基于内在价值的道德延伸成为
一个有力的说法。人类对待动物的一些行为之所以被认为是不道德的，是因
为这种做法否认了动物的内在价值。汤姆·里根提出了"道德代理者"与
"道德病体"都同等具有内在价值的观点。③ 他将婴儿、智力残障者、昏迷
者和动物等生命主体都归为道德病体，虽然其不能了解和选择自己的行为，
并对此负责，但他们和它们同样具备生命主体的内在价值和复杂特点，应该
拥有道德身份。这种基于内在价值的道德辩护也被应用于对自然整体的道德
思考。虽然自然整体在这种论证中比动物处于更不利的地位，但自然的内在
价值性是可以找到立论根据的。自然整体有着自身独立的进化历程，不同于
人造之物，"给予自然之物以价值的不是其所表现出的任何物理特征或特性，
而是其产生的历史和过程"④。自然具有自我实现、自我完善的能力，具备
自组织系统，能够自我协调和自行运作，自然界的多样性和创造性仍是人力
所不及的，自然拥有自身的目的性，这足以让其具有了内在价值。人类也是
这种进化和发展过程中的一员，人类在外部世界的位置则取决于这种自然过
程及其与人类之间的关系。自然对于人类有着巨大的价值，但在这里讨论给

---

① 边沁. 道德与立法原理导论 [M]. 时殷弘，译. 北京：商务印书馆，2005：349.

② SINGER P. Animal liberation [M]. New York：New York Review of Books，1990：7-8.

③ REGAN T. The case for animal rights [M]. Berkeley：University of California Press，1984：243.

④ GOODIN R. E. Green political theory [M]. Cambridge：Polity Press，1992：26.

予自然以道德考虑的时候，我们强调的是它的内在价值，而不是它的工具价值，虽然它的工具价值也可以在很大程度上拿来作为对论证的辅助依据。

在时间与空间维度的道德延伸，将未来世代的人类、动物以及自然整体引入道德共同体当中，扩展了政治哲学和伦理学的讨论范畴，丰富了政治道德的蕴含，在某种程度上为道德判断引入了一种新的思路。道德领域不但因此延及未来，还打破了物种的界限，对传统的价值体系是一个不小的变革，为对政治价值基本元素进行具体的生态性探讨准备了前提条件。

三、政治价值基本元素的生态开掘

如果未来世代的人类和其他的自然存在可以成为政治道德关照的共同体的潜在成员，新的成员的进入使得原来对传统政治价值不可见的成为可见的，那么，就需要像对待其他成员一样来对这些"新成员"追问一些相同的问题，例如，我们与"他们或它们"之间合乎规则的关系应该是什么，"他们或它们"可以拥有哪些权利，人类因此负有哪些责任与义务等。这些追问必然会关涉到政治价值体系中的基本元素的讨论，这些基本元素有权利、正义、民主等，绿色政治运动不断促进着对这些基本元素的思考，将完成对政治价值体系更加具体的生态变革和改进。

权利问题是政治价值体系中的基本元素之一，权利的主体范畴和客体范畴在历史的进程中表现出不断扩大的发展趋势。权利主体由古希腊时的城邦公民到古罗马时期全体自由民，到近现代的成年男子，再到全体成年人；在权利客体上，正如马歇尔以英国为例而用发展的观点所作的分析，从 18 世纪的民权到 19 世纪的政治权利，再到 20 世纪的社会权利。① 一种生态开掘意味着要在权利的主、客体范畴上做出进一步的拓展。在权利主体方面不仅仅需要讨论当代人的权利，还需要讨论未来世代的权利，不但要考虑人类的权利，还要关注非人类的权利；在权利客体上，绿色政治运动也努力支持人们应该具有环境权利，并积极倡导在宪法中对此项权利有所体现。对权利的

---

① SAWARD M. Must democrats be environmentalists？［C］// DOHERTY B.，MARIUS de Geus. Democracy and green political thought. London and New York：Routledge，1996：85.

生态讨论必定会关涉到环境正义问题，而环境事务情境中的正义问题也与环境权利问题一样显示出广泛的生态延展性。① 例如，代际正义的探讨跨越了时间之维，"使各种伦理学理论受到了即使不是不可忍受也是很严厉的考验"②。我们面临在代际探讨分配正义的需要，尤其是自然环境的保存，因为如果自然之物中的许多部分消失了，就不会再出现，未来世代人类将永远失去了选择的机会。我们在这个方面需要为他们保留追求某种幸福的合理机会，保存生态环境，也同时发展替代性的能量来源。③ 同时，代际正义的讨论在人类价值观念的延续与改进上的重要性也是不言而喻的。至于非人类自然存在的权利问题，更多的注意力被吸引到动物权利上来。动物权利概念表示了对人类如何对待动物的关注，反对人类残酷地压迫动物，谋求动物的解放。④

当代人类的环境权利问题也必然离不开民主的讨论。环境权利在环境公共治理与决策中所体现和扩展出的环境公民权，正是植根于民主的公众参与的蕴意之中。⑤ 而与环境风险密切相关的卫生保健权，使民主价值的实现与延续必须关注环境，因为人类一切的民主生活和所享有的民主权利无不依赖于人类的身体移动性、交流与表达能力，以及思维与判断技巧等人体机能，这一切完全可能在环境风险成为现实时受到损害而丧失。⑥ 同时，绿色运动也从未放弃对民主价值的生态探寻。它越来越忧虑自由民主的规约性理想和

---

① 彼得·S. 温茨. 环境正义论 [M]. 朱丹琼，宋玉波，译. 上海：上海人民出版社，2007：2.

② 约翰·罗尔斯. 正义论 [M]. 何怀宏，等译. 北京：中国社会科学出版社，2001：285.

③ DESJARDINS J. R. Environmental ethics：an introduction to environmental philosophy [M]. California：Wadsworth，Inc，1993：90.

④ 戴维·米勒，韦农·波格丹诺. 布莱克维尔政治学百科全书 [Z]. 修订版. 邓正来，译. 北京：中国政法大学，2002：25-26.

⑤ 郇庆治. 环境政治国际比较 [M]. 济南：山东大学出版社，2007：62.

⑥ SAWARD M. Must democrats be environmentalists? [C] // DOHERTY B.，MARIUS de Geus. Democracy and green political thought. London and New York：Routledge，1996：79-96.

制度可能不足以完成解决生态危机的任务①，认为在自由民主制下，公民行为的发生来自个人私利而不是共同利益的驱动，对政治平等的要求只是为了保证人们在同等的外部条件下追求一己私利，对权力的约束也是为了防止对个人利益的侵害。在这种情况下，公共利益最多的是个体利益协调和聚合的副产品，共同的善不在自由民主制度的最初构想之中。这样，代表着公共利益的环境问题在以自由民主制为特征的政治交易过程中就会面临艰难的进展处境。而由于深受卢梭的人民主权观念的影响，绿色政治运动对基层民主表现出极大的兴趣，它认为基层民主是一种积极型的民主②，能够营造一个更具活力的公共生活空间，鼓励积极的公民行为，通过公众共同参与的交流活动，发现和形成一种共同的价值观，并在如何实现这种共同价值观的决定中，开发人们的潜能、共鸣和积极参与的热情，从而找到一种有效的协作解决问题的方式。基层民主的形式保证了个体成员和底层组织单元具有直接参与高层决策的真实权力，从而确保政治体制的真正的民主状态。③ 协商民主则由于其对自由民主的批判，以及它所体现出的雅典城邦古老的民主传统，赢得了绿色政治的认可。作为一种具有潜在影响的改革和政治理想计划，协商民主强调公共讨论、推理和判断，从而调和激进的包容性的人民参与观点，以此为方式，延续着"激进"民主的传统。④ 相对于自由民主，协商民主提供了对生态问题的令人感兴趣的理论回音⑤。

① ECKERSLEY R. Liberal democracy and the rights of nature: the struggle for inclusion [C] // MATHEWS F. Ecology and democracy. Great Britain: FRANK CASS & CO. LTD, 1996: 169.

② 丹尼尔·A. 科尔曼. 生态政治：建设一个绿色社会 [M]. 梅俊杰，译. 上海：上海译文出版社，2006：146-151.

③ DOYLE T., MCEACHEM D. Environment and politics [M]. London and New York: Routledge, 2001: 121.

④ 詹姆斯·博曼. 公共协商：多元主义、复杂性与民主 [M]. 黄相怀，译. 北京：中央编译出版社，2006：中文版序 1.

⑤ SMITH G. Deliberative democracy and the environment [M]. London and New York: Routledge, 2003: 53.

在表明自身的民主立场的同时，绿色政治运动利用"民主的自缚性"①，为讨论"民主关注程序，但也关注结果"提供了一个有力的理论依据，也为缓解民主程序与绿色结果之间的紧张关系提供了一个切入点。"把民主所具有的制约的内在规定性，转化为一种政治生态诉求，恰恰是政治生态理论的政治价值取向。"② 与此同时，绿色政治也试图以自治原则为中介，来开掘民主价值中的生态意蕴。戴维·赫尔德（David Held）曾说过："自治原则的地位如何呢？这个原则应该被视为现代民主思想所有传统的必要前提。"绿色理论家因此指出："如果我们将给予自治以道德优先性，并将人类和非人类共同体整合在一起，那么，我们必须给予使自治得以实现的物质条件（包括身体和生态条件）以同样的道德优先性。"③ 虽然自治得以实现的条件并不限于生态条件，还包括组织和制度等方面，但生态环境为自治的实现提供了必要的基础性条件，生态问题具有普遍性的民主实践意义。

对政治价值基本元素的生态开掘反映了环境运动一些具体的政治信念，它同对道德共同体的生态延伸和对人类本质与困境的生态思考共同体现了环境运动的积极的政治价值观念，也承载着运动的政治理想与热情。正如现代西方政治价值观念体系中纷繁复杂的观念差异对这些观念的不同解释，同样具有很大的争议性，而且，相对于古老的政治传统，它始终是一个"新来者"和"挑战者"，摆在面前的阻力似乎更为巨大，对其价值观念体系的连贯性也提出了更高的要求。以自然环境为主题的政治观念展现了自身独特的政治风格与视野，但理论的完善尚需时日，其中许多组成都有待深入地探索，需要为此付出艰辛的努力。

---

① SAWARD M. Green democracy ［M］// DOBSON A. , LUCARDIE P. The politics of nature: explorations in green political theory. London: Routledge, 1993: 66.

② 刘京希. 政治生态论 ［M］. 济南：山东大学出版社，2007：328.

③ ECKERSLEY R. Green liberal democracy: the rights discourse revisited ［C］// DOHERTY B. , MARIUS de Geus. Democracy and green political thought. London and New York: Routledge, 1996: 223.

第三节　准环境运动

　　基于以上对环境运动和绿色政治的认识，我们发现在中国环境群体性冲突中缺少变革政治体系的影响，以及对社会政治价值观念的革新。虽然社会运动被看成是一种群众集体参与的非正式运动，群众往往较为松散地聚集在一起，应用灵活的战术策略，互相之间有一些协调配合。① 但是，社会运动是抗争性政治的产物，社会运动必须有一部分领导者来维持运动的连贯性，也应该有其目标与方向。② 在许多西方国家，环境运动开始于一种新社会运动，集中表现为在地方层次上的非常规行动、许多相关人员的积极参与和以"新中产阶级"为主，这种运动在 70、80 年代的反核能斗争中达到高潮，此后，一个非激进化、寡头政治化、制度化和职业化的过程随即开始，表现为在国家层次上组织成员数量的剧增以及从积极参与到"支票簿行动主义"的变化。③ 所以，从严格意义上讲，环境运动必须与社会政治情景相联系，必须包含社会政治主题和价值目标。

　　中国的环境群体性冲突被认为与协商民主、民主政治、公众参与等主题相关联，但这并不是冲突本身所追求的价值目标，而是研究者在对冲突进行分析后，对其结果所引发的影响进行的学理推测和联系，也就是说，有关社会政治的主题是一种研究想象，即使发生了这种社会政治效应，也只是一种冲突实践活动的副产品。而我们在对相关文献进行整理分析时发现，多年以来研究者都在列举几乎同样的环境群体性冲突爆发的原因，这种原因反复不断地出现在研究论文中，而其中有关管理方面的缺陷与不足，也始终没有得到大的改观。长期以来，虽然环境群体性冲突与事件的数量呈现上升趋势，

---

① W. 菲利普斯·夏夫利. 权力与选择 [M]. 孟维瞻，译. 北京：世界图书出版公司北京公司，2014：315.

② W. 菲利普斯·夏夫利. 权力与选择 [M]. 孟维瞻，译. 北京：世界图书出版公司北京公司，2014：315.

③ 克里斯托弗·卢茨. 西方环境运动：地方、国家和全球向度 [C]. 徐凯，译. 济南：山东大学出版社，2005：217-218.

但产生冲突的体制环境，事实上，没有根本的变化。这与其他隐蔽的制度因素有关，但还有一个重要的关键部分就是，环境群体性冲突的抗争者并未针对深层的制度与体制问题展开行动，而只是针对单一事件进行活动，一旦事件解决，所有活动随即停止，几乎从未涉及对更深层原因的质疑（也许是一种自我保护或抗争策略）。所以，这种功利主义的环境群体性冲突，虽然也是为了维护公民的合法性权益，但也仅仅是一群人的抗争行动或活动，而不是环境运动。

　　虽然在严格意义上，中国环境群体性冲突还缺少一些成为环境运动的必要条件，但如果说它一点也没有环境运动的特征，也是不准确的。环境群体性冲突是社会冲突的一种，也是环境抗争的产物，只不过在现阶段，没有发展出政治化、制度化、职业化的社会政治形态。而且，就环境群体性冲突的整个演化过程来说，社会政治因素都是主导因素，在冲突治理中，也要以社会政治层面的讨论为主。所以，我们认为环境群体性冲突，作为一种环境抗争集体行动，是一种准环境运动，这就意味着，在我们的研究中，虽不能把其当成一种环境运动来分析，但可以有限借助环境运动的理论资源来进行适度联系论述，二者不是互相排斥的关系。迄今为止，中国环境群体性冲突与严格意义上的环境运动仍有差距，其今后的发展进程与趋向仍待观察。

第二篇

02

| 由环境匮乏到环境冲突 |

第四章

环境匮乏

重要环境资源的缺乏已经在世界范围内带来了不断扩大的冲突态势，特别是土地资源、水资源、森林资源、矿产资源等环境资源的短缺，甚至严重影响到国家和社会安全，也有人称其为环境安全。环境匮乏并不会直接带来大规模的不稳定和冲突结果，但会带来担忧、忧虑和不知所措，增加政府和社会的压力，会刺激原有的矛盾与不满，造成利益的碰撞或不协调，导致规模性的不安与动荡。而这种情形极易对发展中国家，特别是转型期的国家带来更大的困扰，因为这类国家更需要环境资源来为快速发展和平稳转型提供基本物质保证，而同时，这类国家在缓解由环境匮乏所带来的社会政治危机的能力也不如西方发达国家那样强有力，所以，必须在依赖与创新中寻求突破，但隐蔽其后的社会政治大背景和长期以来形成的经济传统，始终是一个有待克服的阻碍。

这种环境匮乏的影响是全面的，不仅会影响经济贸易和联系，也会涉及环境突发与紧急事件，有时会产生极大的心理恐慌与行为抵制，有时甚至会使地方政府管理出现巨大危机，甚至混乱与失序。环境匮乏有三种表现形式：①由供给短缺而导致的匮乏，如环境破坏和环境衰退所带来的匮乏；②由要求增加而导致的匮乏，如人口增长、经济增长或耗费增长所带来的匮乏；③由制度不平等所导致的匮乏，如不平等的分配制度或获取资源的规则所带来的匮乏。所以，其中可能由于项目建设带来的土地短缺，或环境破坏带来的居住地丧失，继而产生移民搬迁；也可能由于快速的经济发展和城市化进程而带来的城市人口的激增，不但造成良好的土地、水、绿地资源在乡村的短缺状况，也造成城市与乡村，城市内部良好环境资源的分配不公；也会由于政治、社会和经济权力的不平等，以及分配制度不合理或正义缺失，产生资源竞争与基本服务的不公平状况。而无论何时，环境匮乏的出现都会使弱者、穷人面临不利境况，从而提醒我们仍旧有那么多无从选择的民众可能遭受环境匮乏所带来的不利后果。

第一节　环境资源的重要角色

当我们谈论环境资源的时候，总会有人对这些资源不以为然，也总会有人处于一种匮乏和短缺的状况，而且，这种状况极其严重。事实上，每一个人都与地方自然资源紧密相连，中国还有近一半的人口要在乡村生活，其中很多人仍旧依赖农村的土地等资源来维持生计，有的人仍旧要依靠土地中生产出来的食物来生活。相对贫困的人口一定面临着土地、水源、能源等与之相关联的基本服务的供应短缺与不足。他们缺少干净的饮用水，缺少基本的能源保障，在寒冷的天气下没有可用的取暖物质，甚至被迫要在很远处才能获得饮用水，甚至根本无法获得能源的最低水平供应。

我们中的很多人都依赖农用地、水资源和森林资源等可再生环境资源来生活，不像不可再生资源①（如石油、铁矿石），这些可再生资源经过一段时间的自然过程还可得到补充。在大多数情况下，如果索取和利用合理，这些可再生资源可以满足生活所需，并且维持一个平稳的供应水平。但不幸的是，在许多地方，由于资源的消耗和退化速度比其再生速度快很多，人们日常生活所依赖的可再生资源已经不能处于稳定的供应状态，甚至表现出明显的短缺状况。例如，由于长期的过度捕捞（见图 11），中国渔业资源遭到毁灭性损失，已经形成近海无鱼的严峻生态问题。中国农业部的数据显示，2016 年中国近海海洋捕捞总产量达 1328 万吨，远超过渔业专家建议的 800

---

①　PEARCE D. , TUMER K. Economics of natural resources and the environment ［M］. Baltimore：Johns Hopkins University Press，1990：52-53.

万~900万吨的最大可捕量。① 中国土地资源不但供应不足，而且，面临大规模污染。从2014年《全国土壤污染状况调查公报》来看，全国土壤总超标率为16.1%，耕地点位超标率为19.4%，林地、草地、未利用地的超标率亦超过10%。② 而在中国的发展进程中，水资源短缺已成为必须正视的严重挑战之一，中国是世界第五大淡水供应国，但中国人均每年水资源拥有量不足2000立方米，远低于全球人均近6200立方米的拥有量，在经济发展的压力和地方政府竞争的体制下，围绕水资源的竞争已经在经济、政治、社会、生态等方面带来了一系列复杂的后果。③

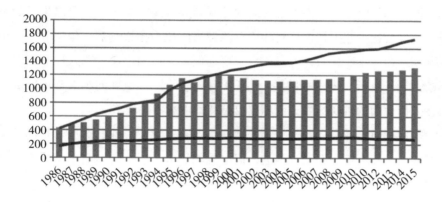

■ 中国海洋捕捞产量(万吨)
━ 中国机动海洋捕捞渔船数(百)
━ 中国机动海洋渔船总功率(10000千瓦)

图11　中国近海渔业的发展（1986—2015）

来源：周薇. 渔业的"中国方案"对环境意味着什么？

　　环境资源的匮乏带来了民众之间和基层地区之间愈演愈烈的、长期的、弥漫性的利益冲突。虽然中国是一个单一制国家，实行高度的中央集权，但

① 周薇. 渔业的"中国方案"对环境意味着什么？［A/OL］. 中外对话网，2018-01-10.
② 刘虹桥. 土壤修复："黄金时代"远未到来［C］// 刘鉴强. 中国环境发展报告（2015）. 北京：社会科学文献出版社，2015：52.
③ 郭巍青，周雨. 水资源争夺与经济政治后果［C］// 刘鉴强. 中国环境发展报告（2014）. 北京：社会科学文献出版社，2014：39-40.

地方政府和地区之间在改革开放后，便开始了有限自主的地方经济发展。招商引资、增加税收是地方财政收入的主要来源之一。但与此相伴随的，是单位人口对环境资源拥有量不断减少，特别是在大中型城市，这种环境资源的紧张程度已经成为城市发展的一大难题或困境，以至于北京面临洁净空气资源严重不足的现状，启动了严厉的"大气污染治理模式"。也许环境匮乏现在还不是大多数冲突背后的主要因素，但可以设想，伴随环境资源人均占有量的下降和不断加速的单位人口消耗量，在不远的将来它就会成为一个诱发多数冲突的主导因素，在能源消费、淡水需求、土地退化、非林化、碳排放等方面，都不会在短期内得到有效的控制和大幅度的减少。人口出生率的下降，也许会让一些人把人口对环境资源带来的压力抛诸脑后，但实际上，由于预期寿命的不断延长，人口死亡率要远低于人口出生率，总人口数仍旧会不断上升。电影《未来水世界》《疯狂的麦克斯》等呈现的画面都可能成为摆在人们面前的现实场景，而不仅仅是科幻电影中的情节。

与此同时，我们还在努力地发展航空产业、游轮产业，这些都是高耗能的产业。虽然高铁一路高歌猛进，但电能的需求是巨大的，而中国也面临着以煤电为主的电力结构问题。即使也在进行着新型能源的研制与开发，但风能、太阳能等新型能源在中国的发展并不顺利①。中国国家能源局数据显示，2016 年中国的风电占比仅为 4%，但吉林、新疆、甘肃等风电大省去年的弃风率则分别高达 30%、38% 和 43%。② 而中国目前的新能源发展以风电为主，光电由于成本过高，上网难等因素，面临诸多难题。就目前的科技发展来看，只要经济还处于增长态势，对环境资源带来的损耗不但不会降低，还会持续升高。就可见的未来，中国的原始生态环境资源，会随着人口活动的规模性和密集性而受到更大的影响，我们会看到优质耕地的进一步退化，也会看到现存原始森林的进一步损失，以及河流、地下水等其他水资源的持续减少，还有野生鱼类资源的进一步下降。

---

① 查尔斯·韦斯特. 储能技术能加速中国可再生能源发展吗？［A/OL］. 中外对话网，2018-01-11.

② 数据来源于国家能源局官网（http://www.nea.gov.cn/2017 - 01/26/c_136014615. htm）。

　　这些可再生资源的区域性短缺已经潜移默化地影响了各地区的大量人口，但人们还很难将其与社会政治背景相联系，也没有足够注意到环境匮乏对地方社会政治现实带来的诸多影响和压力。这种匮乏被看成仅仅是经济落后的问题，或仅仅是一时的发展模式问题。但实际上，环境匮乏的出现并非如此简单，而它所产生的结果也不会如此单一，这是一个整体性的结构性问题，是自然与社会问题的交合。尽管近来，我们开始更关注气候变化等全球性环境议题，而这种议题也的确是重要的，但中国的公众、政府、媒体似乎有必要将其注意力更多地投入到土地、水、能源等环境匮乏的问题上来。而认清环境匮乏的来源，就是一个着手点。

第二节　环境匮乏的来源

　　环境匮乏通常有着复杂的原因和因素，一种环境资源的枯竭和退化是不同因素综合作用的结果，这些因素包括：资源本身的物理脆弱性、消费资源的人口规模，以及人们在消费这种资源时所使用的技术和行为方式等。而人口因素、消费模式、技术条件与应用等又是多种变量交叉影响的结果，这是一系列因素循环往复不断交互而发生的连锁效应。环境匮乏有可能刺激制度和技术发生改进，但它也的确导致生活状况的恶化，以及社会政治秩序的紊乱。我们可以将环境匮乏的产生归结为三种来源①：资源供给的下降；需求的增加；不同群体相对获取资源能力的变化。我们将其简单表述为：基于供给的匮乏；基于需求的匮乏；结构性匮乏。

　　资源枯竭和退化是环境匮乏来源之一，枯竭和退化会产生总体资源供给的减少，也就是说，这块资源的大蛋糕整体上变小了。但是，人口与经济的增长、欲望与追求的增加使人们对资源的需求高涨，从而也产生了环境匮乏的后果。例如，在土地等环境资源固定的情况下，人口数量的增长和经济规

---

①　HOMER-DIXON T. F. On the threshold: environmental changes as causes of acute conflict [J]. International security, 1991, 16（2）: 76-116.

模的扩大无疑会使人均占有的资源存量无情地降低，特别是在大中型城市的建设中，快速城市化带来的不成比例的大量人口的涌入，以及房地产泡沫引起的土地使用紧张状况，再加上城市污染土地修复之难①，人均分得的土地蛋糕越来越小。事实上，在许多地方，可利用资源正处在供给和需求的双重挤压之下，面临很大困境。

　　同时，环境匮乏也会产生于财富和权力分配的严重失衡，这种失衡使得社会中的一群人能够获得大到不成比例的资源蛋糕，而另一部分人所获得的资源比例还不足以维持正常的生活，并长期处于这种匮乏状态之下而无能为力、无法改变，从而导致被剥夺感一点一滴积存于内心之中，遇有合适时机便会转化成激烈的情绪和行动。实际上，从环境匮乏到环境冲突，在每种情境下这种不平等的分配都是一个关键因素。由此而来的匮乏是一种结构性匮乏，这种不平衡深植于社会制度、政治结构和阶层关系之中，并非简单修补就可以改变的表层局部问题，涉及整体社会政治架构的改革与变动。权势者会动用一切力量来控制资源的分配，使资源的使用不断满足其维持社会与政治权力与地位的需要，面对不断而来的经济压力，他们会不惜代价消耗生产性环境资源来产生短时期显著的利好，而无视那些贫困边缘人口的基本资源需求和生活保障。从过去的研究中，我们发现，作为引发环境匮乏的三种来源，供给、需求和结构性因素在分析者和决策者那里总是趋向于被分开或单独地进行研究。例如，生态学家和环境学家更关注基于供给的匮乏，他们所关注的环境变化主要是指人类活动所导致的环境资源在质和量上的下降；经济学家则主要基于需求的匮乏，过高地估计了经济学对资源分配的解释力。但这三种来源却是以一种极端有害的方式相互影响和彼此加强。而环境匮乏这个说法就要我们将导致环境匮乏的这三个来源合并到一起来进行研究分析，去探讨三种来源之间是如何交互而加强的，以及与环境匮乏构成的综合联系。我们这里的研究在此基础上，则特别关注结构性匮乏在这种关系中所扮演的关键性角色，在社会政治层面的分析就是对这种匮乏来源的深入讨

---

① 高胜科. 城市扩张 毒地肆虐 [C] // 刘鉴强. 中国环境发展报告（2013）. 北京：社会科学文献出版社，2013：216-227.

论，社会政治因素正是导致匮乏到冲突，再到集群抗争的关键因素，由结构性环境匮乏开始引入的社会政治分析构成了我们研究的关键环节和关键部分。

一种相互作用的方式就是对资源的夺取。当社会中有权力的人认识到某种关键资源在供需压力的影响下变得更加短缺，就会动用他们所掌握的权力而使相关法律和制度向着对自己有利的方向改变，以达到控制资源获取的目的，在这个时候，资源夺取的情形也就发生了。在社会政治层面发生的不公平改变会将结构性匮乏强加于弱势群体的身上。例如，城市土地价格的飞涨，使得贫困者无法企及核心区域的商品住房和环境优美的封闭式高档社区，只能在城市边缘区寻求便宜的房屋来购买或租住，而这些城市边缘区却又是垃圾处理设施、化工项目选定的目标场所。这些贫困者或普通公众在房价居高不下的现实中，不但无法享受城市中的自然环境资源，而且，要面对环境污染或环境风险所带来的窘迫局面，并在这种环境资源的恶性循环中经受煎熬和挣扎。

显而易见，资源夺取与生态边缘化紧密相连，构成一种连锁反应，结构性的环境匮乏，资源分配上的不平衡，与资源的排他性相伴而生，也就是说，一些制度和体制结构会被用来限制或阻碍一些人获取短缺资源，但为另一些人大开方便之门。吊诡的是，资源的排他性与私有产权相关，但公共环境资源，如公地、空气等，也会由于制度结构的作用而发生不公平的消耗和分配状况。无论私有的环境资源，还是公有的环境资源，都在遭受结构性因素带来的损失，那些开放性的公共环境资源由于产权上的问题，反倒遭到更大的破坏。这种结构性匮乏驱使贫困弱势者来到生态边缘区，这些区域是环境资源匮乏更加严重的地方，也是生态脆弱地区，极易受到环境污染和环境风险的威胁。同时，这里的人们也缺少应对生态脆弱所需的基本物质条件和知识条件，可能产生的后果就是，这部分地方的环境资源会进一步恶化，成为冲突的发源地。在中国，生态边缘区并非仅存在于某些城市边缘区，农村地区才是更为严重的生态边缘区，中国环境抗争较早出现的地方就在那里①，

① 赵永康. 环境纠纷案例［C］. 北京：中国环境科学出版社，1989：195-196.

那里也是环境污染的高发区。在农村，大量高污染企业迁入，环境污染严重，农民的生存空间和生产环境受到极大破坏，并由此产生了一个新的群体：环境受损群体。① 这些乡村地区本就在现代化过程中付出了代价，在如今的风险社会中，大量的农民更是选择进入和居住在城市，以寻求改变匮乏环境下的贫困生活境况，但在城市中，却同样无法改变结构性匮乏的现状，同时也加剧了城市的环境匮乏程度。

第三节　产生环境匮乏的背景因素

环境匮乏的三个来源呈现出三种形式的环境匮乏类型，它们的背后是以复杂因果链条相联系的诸多因素。比如，造成供给性匮乏加剧的因素主要是：人口数、技术使用情况，以及技术使用带来的资源消耗量。反过来，技术的使用也受到可支配自然资源的制约，其中包括可再生和不可再生资源的影响，也同时受到社会政治因素的制约，包括政治体制、社会观念、阶层关系、价值偏好等，而这些社会政治因素也会影响人口规模。当然，社会技术活动也会对社会政治因素造成反应性影响，资源的退化和枯竭也会影响社会政治因素②，比如，推进或促动制度上的革新与改进。当然，技术使用所带来的资源消耗最终受到区域生态系统敏感性制约。

有的时候可再生资源的退化并不是源于直接的使用或消耗，而是因为技术活动间接地破坏了这些自然资源。例如，由于化工项目、核泄漏事故、废弃物处理所带来的严重后果，致使土壤、地下水、空气遭到严重污染，这样就对环境资源造成无法估量的间接损害。技术活动所带来的类似间接影响被称为负外部性，因为由此带来的损失不是由使用者来负担，而是由社会其他人来承担了。长此以往，人们就会对这种技术活动产生质

---

① 吴新慧. 农村环境受损群体及其抗争行为分析——基于风险社会的视角 [J]. 杭州电子科技大学学报（社会科学版），2009（3）：40-44.

② WARRICK R.，RIEBSAME W. Societal response to CO_2-Induced climate change：opportunities for research [J]. Climate change，1981，3（4）：387-428.

疑，并且，将其与支持它的社会政治体系相关联，在认知和观念层面发生变化，加深普通公众与社会政治精英的罅隙和冲突，对政府环保政策与行为产生疑虑。

在这里，社会政治因素具有特别的重要性，它们构成了一个广泛的、复杂的社会政治背景。这个背景包含了：财富和权力分配模式；社会、政治、经济激励机制；家庭、社区结构；对社会政治秩序的心理认知；历史形成的文化价值传统；形而上的人与自然的关系。社会政治背景因素甚至决定着这个社会所追求的物质活动方式，决定着当面临严重的环境匮乏的时候这个社会所呈现出的脆弱性或灵活性一面。每个国家，每个社会都有一套规则，这决定了资源如何在不同群体中进行分配，而当新技术改变了资源的相对价值或者大规模的发展计划出现，这些规则也许就会发生变化。如果不能全面地理解所处的社会政治背景，就不能把握人的行为活动与资源匮乏之间的关系特性，也就不能知道如何才能更好地应对这种环境匮乏。一般来说，对社会背景因素的认知将会摆脱环境决定论的简化思维，而更好地关注环境匮乏及其所发生的社会政治因素之间的复杂联系。

社会政治背景因素与环境、人口等压力混合在一起产生了一系列的后果。环境匮乏从来不是产生移民、贫穷和冲突的唯一原因或充分条件，它与其他的社会政治因素一起产生了这样的影响。我们并未高估这些社会政治背景因素的重要性，并不是从简单的联系直接跳入因果联系而得到一个不证自明的结论，促使环境匮乏的产生的社会政治背景因素，又在环境匮乏产生后一同引发了环境冲突，环境匮乏在这个过程中所带来的影响从属于社会政治背景因素的重要性。环境匮乏当然与自然资源的自身特性相关，但失败的制度、政策和观念才是导致环境匮乏的主要因素。正如阿玛蒂亚·森（Amartya Sen）在分析饥荒危机时所指出的那样，饥荒的起因并非与食品生产和供应量有直接的关系，饥荒的防止非常依赖于保障权益的政治安排，饥荒的起因与防止涉及机构、制度和组织，还依赖于伴随权力和权威运作的那些感知与理解，尤其取决于统治者和被统治者之间的疏离程度，确定无疑的是，在正常运作的民主制中从来没有发生过一次饥荒。①
所以，试图缓解或解决冲突的决策者或管理者，他们需要关心环境资源的
匮乏状况，但更需要关注并发现其背后的社会政治因素，因为，这些背景
因素才是导致冲突的真正缘由。

　　社会政治背景因素也并非因果链条中一个独立、不受影响的因素，作
为背景因素，实际上，它们已经极大地与其他因素综合交错在一起。正如
上面已经论及的，社会政治因素也同样受到其他因素的影响，也许它们不
是那个最终的起因，但就引发环境冲突而言，毫无疑问，社会政治因素是
其中的主导因素，制度、政策与观念形成了对资源获取与控制的巨大的、
无法替代的影响，对竞争环境具有排他性的规制力。一个国家环境冲突程
度固然与其天然的环境条件有关，但社会政治因素会起到决定性的作用，
这些因素会影响到冲突是否会发生，以及以何种程度发生。环境资源短缺
的存在，并不意味着冲突的必然发生，环境匮乏只是冲突爆发的间接原
因。实际上，这种冲突主要来自国家内部的社会政治因素，间接影响到秩
序、稳定与安全。

　　中国作为一个发展中国家，现在已经成为一个发展中大国，由环境问题
所带来的难题和困境愈演愈烈，其中除了不断扩大的人口规模（见图12），
不断降低的资源存量（见图13、图14），不断增加的资源损耗量（见图15），
更主要的是中国不断经历着经济与社会的转型，这个过程是令人难以想象的
复杂莫测。无法计数的宏观与微观问题都要尽可能快地予以解决，而最困难
的是，在快速的发展中，这些在其他发达国家曾经分阶段出现的难题，这个
时候在中国却呈现集中爆发的态势。由于与众不同的中国特色社会主义制
度，只能"摸着石头过河"，改革开放后，不断尝试在制度和政策层面做出
调整和改革以应对新产生的问题。目前，中国已进入新时代中国特色社会主
义建设时期，并面对"一带一路""新型大国关系""气候变化大会""大气
污染治理"等众多具有挑战性的重大问题，从中央政府到地方政府都处于史

---

① 阿玛蒂亚·森. 以自由看待发展［M］.任赜，于真，译. 刘民权，刘柳，校. 北京：中国人民大学出版社，2002：165-175.

无前例的社会政治变革当中。但稳定是压倒一切的任务，而要更好地保持稳定就要维持经济的不断增长，就仍旧可能对生态环境带来巨大压力，对环境资源带来巨大消耗。正如之前的分析所指出，这种环境退化是由严重的环境污染带来的，多年间，环境匮乏的表现主要在于环境污染对环境资源造成的损失，有许多环境资源由于受到严重污染而无法被使用。由于开放政策的地区差异，就社会经济发展程度而言，南方要高于北方，东部沿海要高于西部内陆，地区不平衡的发展策略造成了地区不平衡的发展现状。而对环境资源带来的影响，对地方环境的影响也出现了地区差异。一般来说，沿海地区的环境资源损耗程度更大，但随着西部大开发政策的施行，内陆地区的环境污染也在不断加重，甚至成为污染成本转移的受害者。环境污染就如同"水往低处"流一样，会慢慢找到社会经济发展的洼地来作为它的最终栖身之地，农村环境污染的严重状况就是例证。如今，中国面对的窘境是：无论发展好的地方，还是发展差的地方，都存在很大的环境风险，至少在民众的心理层面，存在高度的风险感知。

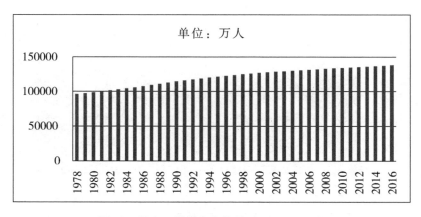

图12 总人口数量变化趋势（1978—2016）

来源：中国统计年鉴

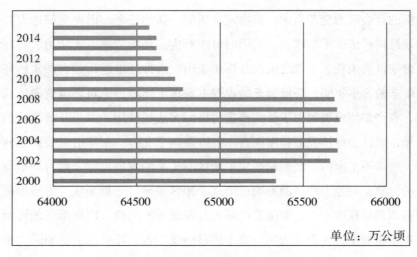

单位：万公顷

图 13　农用地变化趋势（2000—2016）

来源：中国环境统计年鉴

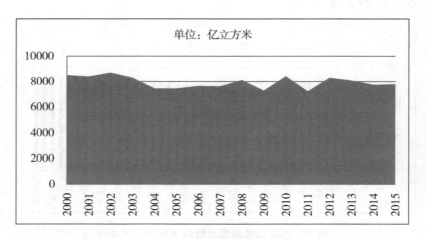

图 14　地下水资源量（2000—2015）

来源：中国环境统计年鉴

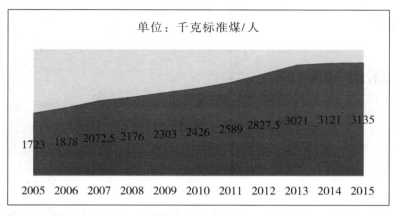

图 15 人均能源消费量变化趋势（2005—2015）

来源：中国环境统计年鉴

环境资源的短缺和分配不均，不但造成地区之间的矛盾和贫富差距，也带来贫者和富者之间的分离。但与此同时，却使一些权势者更有机会通过投机或钻营获得意外收益，这就使普通人心里产生了怨愤和不满。这种环境压力致使民众对地方政府执政行为和能力产生了怀疑和不信任，这种认识随着增多的环境突发状况而得到加强。环境匮乏所提出的难题和挑战并非没有更好予以应对的希望和可能，却需要社会政治因素方面的全方位改进和革新，需要具有更高的弹性、韧性和灵活性能力的政府与社会治理。在这个过程中，社会信任和政府权威的重塑至关重要。快速的经济增长当然能够缓解人们对环境资源匮乏的担忧和注意，但经济增长会带来越来越严重的资源消耗，从而加重环境匮乏，威胁经济发展。更何况，长期维持高速经济增长，是不可能完成的任务。在经济增速已经放缓的情况下，如何认清对环境匮乏到环境冲突起到关键作用的社会政治背景因素，是一个值得重点关注的主题。

第五章

环境冲突

伴随环境压力的不断增大，在社会安全和社会冲突等领域的研究中出现了被绿化的现象，一种新的冲突形式被称为"环境冲突"。自从 20 世纪八九十年代以来，以"环境冲突"为主题的研究论著开始大量出现，但论述的模糊性和暧昧性又是一个令人困扰的问题。这里所研讨的环境冲突仅限于当前的国内层面，冲突的形式不包括战争。"冲突"定义本身在冲突理论中就是一个最有争议的问题①，将环境问题与冲突相连就更会产生一种复杂多样的局面。一些冲突定义强调敌对利益的结构性根源，另一些则从行为者不相容的目标角度进行讨论。② 从某个视角来说，冲突可以被理解为是一种社会情境，在这种情形下至少有两个行为人或团体在同一时间努力获取某种有用的稀缺资源③，从而在交互作用过程中造成利益、需求和目标上的分歧状态④。环境冲突首先将这种稀缺资源锁定为环境资源（在这里主要指可再生资源），如水资源、土地资源、森林体系、大气系统、生物多样性等，"环境冲突"中的"环境"指的是人类赖以生存的自然资源和生态系统。环境冲突被多伦多研究团体理解为：由环境匮乏所引起的激烈冲突，这种环境匮乏与各种各

---

① 乔纳森·H. 特纳. 社会学理论的结构 [M]. 吴曲辉，等译. 杭州：浙江人民出版社，1987：210.
② LIBISZEWSKI S. What is an environmental conflict？[J]. Journal of peace research，1991，28（4）：407-422.
③ WALLENSTEEN P. Understanding conflict resolution [M]. London：Sage Publications，2007：15.
④ ACCORD. Transforming conflict [Z]. Facilitator's reference manual，Durban，2002：4.

样的具体境况和背景因素相互作用。①

　　环境冲突也被认为只不过是由环境退化所引发的传统冲突，可以表现为政治的、经济的、社会的、宗教的、伦理的等各种类型的冲突。② 环境冲突引人注意的地方在于：几个领域中环境退化的严重性，如可再生资源的过度使用；环境吸纳能力的下降；生存空间的缺乏等。基于对冲突、环境、环境冲突的概念化解释，我们发现不管如何理解环境冲突，在冲突过程中，不但环境资源和生态系统会受到伤害，人类社会也会遭到损失。实际上，它会对人类社会的生产能力、经济发展、谋生手段、健康状况产生一系列的影响，从而加剧贫困和不平等的状况。③ 究其本质，是自然性的问题引发了社会性的冲突，但环境问题如何导致了激烈冲突，环境变化与冲突产生的因果性究竟如何，环境因素与其他因素发生了怎样的相互作用与影响，整个发酵过程有待解释和说明。环境匮乏等环境问题干扰和影响了人们的日常生活，普通民众也都有直观的感受或直觉，认为这些问题会影响社会秩序和稳定，一些分析也都指向这个因果关系，但这些直觉反应却缺少一个更为清晰、严密的推理和研究逻辑。所以，在这里，我们以一种符合惯常思维的逻辑推理来呈现出：在环境退化和冲突产生之间究竟存在怎样的关联；其中涉及哪些影响因素；因果关系的确定性程度如何；环境冲突的独特性是什么。

第一节　关联性

　　在之前的论述中，我们提及环境匮乏的三个来源：供给、需求和结构性。这三个来源也直接构成了三种类型的环境匮乏，即基于供给的匮乏、基

①　SIMON A. M. , KURT R. S. Environmental conflicts and regional conflict management ［A/OL］. http：//www－classic. uni－graz. at/vwlwww/steininger/eolss/1＿21＿4＿5＿text. pdf，2012-04-10.

②　LIBISZEWSKI S. What is an environmental conflict? ［J］. Journal of peace research，1991, 28（4）：407-422.

③　BOB U.（et al.）Nature, people and the environment：overview of selected issues ［J］. Alternation, 2008, 15（1）：17-44.

于需求的匮乏和结构性匮乏。它们之间是彼此联系，交互作用的，这种互相影响和关联的方式表现为：资源夺取和生态边缘化。

由人类行为造成的环境退化主要表现为温室效应、臭氧耗损、砍伐森林、对水资源的污染和过度使用、酸性沉降等。温室效应造成海平面的上升和极端天气，从而造成沿海城市地区的灾害损失；臭氧损耗造成紫外线辐射增强，从而抑制植物和农作物的生长；砍伐森林造成水土流失、土地沙化、土壤腐蚀等土地水文系统的失调，进而造成洪涝灾害、泥石流，冲击灌溉能力，甚至影响水上交通运输和贸易；对水资源的污染和过度使用造成灌溉能力下降、河流数量减少、鱼类资源减少；酸性沉降腐蚀土壤、地表，污染水源。

当环境资源出现数量减少和质量降低的时候，就会出现资源占取的情况，而这个时候，它会与社会经济转型相互作用，包括：人口增长，经济发展、社会变迁、政策调整等因素，从而激发社会强势群体利用手中掌握的权力关系来使资源分配向着对自己有利的方向转变，占取本不应该由其获得的资源，而这种占取并非都是直接可见的，也就是说，不是通过占有多少资源来呈现的，比如，可以更多地使环境风险外部化，或者，获得了"环境污染权"，这也是一种占取方式。这种情况就会对贫穷者、弱势者和生活在中下层的普通民众带来可怕的环境后果。生态边缘化则是在不平等、不公平的资源获得情况下发生的，一些人由于经济收入和社会政治地位所限，被迫成为移入环境条件较差地区居住的居民，他们既没有足够的知识，也没有足够资本能够保护居住地的环境资源不被损害，也就是说，在本就获取困难的情况下，还在不断面临着资源的破坏和环境风险，从而导致环境状况的进一步恶化。

夺取资源的背后动机，一方面是强烈的担忧或恐惧，它来自不断恶化的资源匮乏所带来的不利后果；另一方面，则是贪婪，是想要抓住这个时机通过投机方式或可能途径能够获取更多的利益。资源越是紧缺，在表面上开放的市场中就越是容易被人以隐蔽的方式套取私利，而很多时候，这种私利是以公共利益的面目出现在世人面前，是公开地以公共名义来谋取对自己有利的资源占用。资源夺取因此有些类似于寻租行为，有权力的人在特定的制度背景下通过操纵社会关系，利用特权来形成对环境资源管理的垄断地位，并且以服务于公共利益的形式完成了这种给自身带来诸多利益或财富，却对环境资源带来巨大风险或损失的寻利活动。寻租行为是一个使用非常广泛的术语，由经济学而来，但已经在政治学和社会学领域得到通用，寻租不是必然要与自然资源相联系，也不是一定会涉及与环境资源相关的动机、群体和事件，但如果论及资源夺取就会与寻租行为有关联，而且，在资源夺取的论述中，我们提到了那些在社会政治体系中有权力的群体或精英者，这些人完全有动机和有能力在不断恶化的基于供需的匮乏情形下利用制度背景来夺取短缺资源。这种动机会出现在地方层面，也会有很大数量的人牵涉其中，其中就包括一些国有化工企业管理者和政府官员，而这种寻租行为会以非常难以辨认的形式出现，从而使对它的抵制和抗拒甚至成为一种反社会的行为。

　　生态边缘区并非就是指核心区的外围地区，生态边缘区主要是指从资源和生态而言处于不利环境状况的地方，它可能出现任何受到环境破坏、环境污染威胁或损害的地方，可能出现在城市，也可能出现在农村。它也与人们的居住环境紧密相连，而恰恰是在居住区，公众才会更明显地感受到这种由于资源破坏或风险所带来的强烈忧虑。在一个受到边缘化的居住区，多种因素的叠加作用和相互影响，会产生一种激化的效应，资源获取的不平等，环境负担分配的不公平，都会由于这种相互作用而被放大或加强。而且，资源夺取和生态边缘化是内联性的。实际上，它们通常表现出由一个导向另一个的发展趋势，并且在后续的发展中不断地形成一个具体情节相互交叉的多样化链条。资源夺取和生态边缘化的形成，是一个相互加强的过程，而且，被抢夺资源的人和被边缘化的人也可能在不断巩固这个过程。伴随在资源供给和需求上的无声音，在社会政治上的无地位和无权力，一种被剥夺的身份也可能使他们变得更懦弱、更自卑，甚至主动选择这样一种边缘区来生活，以减轻生活压力，并在与同群体的生活中获得一种逃避现实的虚假平静或自我催眠。而在这种居住区的生活，可能本身也会弱化对环境的更高要求，贫穷也会成为环保的最大障碍。当然，这只是一种可能性，我们在后面的讨论中，同样会指出，在这样的社区中，反而也会迸发出巨大的反抗情绪，导致反应行为，但这种抗争与更复杂的因素相联系，我们将在后面详论。

第二节　社会影响：转向冲突

环境破坏与退化将综合产生农业减产、经济下滑、人口迁移、合法性丧失、制度崩溃和社会关系的破裂等社会影响。而这些社会影响也会相互作用，甚至放大后果。农业减产会推动经济下滑，会共同导致人口迁移，并发生社会动荡，产生对政府能力和权威的质疑，威胁政治统治，再反过来造成农业和经济的衰退，出现恶性循环和综合效应。虽然在自然世界与人类社会之间存在密切的联系，但有关二者的分析和研究基本分属于各自独立的范畴，自然过程和社会现象很少被相提并论，环境变化不会直接与冲突相连。"像冲突这样的社会现象不能通过如生态环境这样的自然事实来说明，只能通过其他的社会事实来解释。"① 要回答环境问题如何引发冲突，意味着一个间接的引入与证明过程，需要社会因素作为媒介，也同样涉及环境冲突定义中的背景因素和具体情境，这无疑是一个跨学科的问题。

环境破坏与环境污染产生的环境匮乏，及其各种相互作用的形式，可能引发多种变化，其中也会带来对社会政治因素的影响，但这种影响与环境匮乏，以及与其产生也有着密切关系的社会政治背景同样不断发生着交互和联动，也就是说，这是一个巨大的循环影响和交叉关联的体系，自然资源与社会资本、政治环境并不是割裂的，而是自有了人类社会、出现了政治现象开始，便相互发生着作用，这种连通也会持续到将来，会永远存在下去。我们可以把环境匮乏带来的社会影响方面的情况更清晰地呈现出来，它们可能会以多种方式引发变化社会中的冲突现象。这种社会影响表现为：限制了农业生产，通常发生在生态边缘化区域；限制了经济生产，主要影响了那些依赖资源型经济来谋求利润的人，也影响了那些在经济上和生态上被边缘化的人；受到影响的人寻求可接受的生活，抗争、移居、妥协；产生更大的社会

---

① MOLVER R. K. Environmentally induced conflicts？a discussion based on studies from the Horm of Africa［J］. Bulletin of peace proposals，1991，22（2）：175-188.

分裂，最可能发生在受害者与牟利者、弱者与强者、穷人与富人、无权者与有权者之间；制度的瓦解，失去了民众的信任，丧失合法性与权威。

事实上，这些社会影响经常是因果相连的，甚至是彼此回应性、反应性的关系。例如，由于环境污染造成土地资源无法利用，影响粮食和经济作物的种植与产量，即使有了产物，当地的农民也不能以此为食物，所以，在这些地方出现一个奇怪的现象，当地农民只是把自家土地生产的农产品卖出去，却从不吃自己土地上产出的东西。当然，这种情况也不都是由于受到外来污染所致，有的是自己在农产品上使用违禁的化学品后出现的怪现象。但不论这种污染来自农民自己，还是来自其他污染源，终会给土地带来很大的伤害，使土地越来越贫瘠，农民无法再依赖土地来生活，大量的农民不得不另谋生计，从而加剧了人口迁移、经济压力和地方变迁。城市土地资源相对就更为稀缺，对其进行开发利用产生可能带来更为复杂的连锁效应。曾有研究者针对城市褐色土地的再开发过程展开研究，发现其中会涉及政府、社会、企业、公众等多方利益相关者，引发错综复杂的纠纷与冲突，由此带来的问题及其解决途径足以呈现社会影响的广泛性（见图16）。①而当这种污染和匮乏导致水资源的短缺，并不能及时得到有效的治理（见图17），便会增加民众的意见和不满情绪②，也同样或加重了这种变动的局势。

由环境变化带来的社会影响与效果，将进一步引发剧烈冲突，表现为：基于争夺生存资源或财富资源的冲突、基于身份认同的冲突、基于自我权利维护的冲突、基于分配不公的冲突、基于被剥夺感的冲突等；也可以表述为③：中

---

① 孙作玉，等. 褐色土地利益相关者的环境冲突及其解决途径初探［J］. 环境科学与管理，2009（10）：1-5.

② 来源:《黑臭河观察治理简报（2016.10.25）》，公众环境研究中心官网。截至2016年10月16日，全国累计共收到2550件黑臭水体举报，自8月1日以来新增704件。北京的举报量依然遥遥领先，累计提交686件举报，自8月1日以来增加110件。举报量第二位仍是湖南省，累计441件，同期增长139件；第三梯队是山东，累计302件，增长165件，广东，累计212件，增长48件，安徽，累计147件，增长43件，福建，累计120件，增长12件。辽宁是举报增长量最快的省份，累计109件，与7月末相比增长幅度高达990%。来自青海西宁的用户在9月3日提交了青海省第一条也是迄今唯一一件举报信息，西藏、宁夏的举报数仍是零。

③ BAECHLER G. Why environmental transformation causes violence：a synthesis［J］. Environmental change and security project report，1998，4（4）：22-44.

心—边缘冲突；伦理政治冲突；国内移民冲突等。同时，也必须指明，从环境变化到社会影响，再到冲突现象，都存在于一个大背景当中，这个背景因素由社会制度、政治体系、经济模式、文化架构、价值观念、偏好取向等构成，这甚至是形成环境冲突的真正源头。正是在这种背景因素的支持之下，才孕育了奴役自然的思维习惯，才出现对生态环境的大规模破坏行为。人类对自然的失稳干预导致生态系统的失衡，这个系统不得不有所变化来寻求新的平衡，结果就发生了上面已经列举的一系列环境变化，以及生命支持条件的改变。因此，更准确地说，这个环境变化应该是人为环境变化。

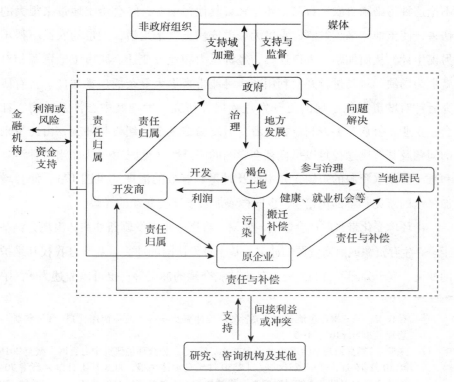

图 16　褐色土地开发利益相关者关系

来源：孙作玉，等．褐色土地利益相关者的环境冲突及其解决途径初探
[J]．环境科学与管理，2009（10）：2．

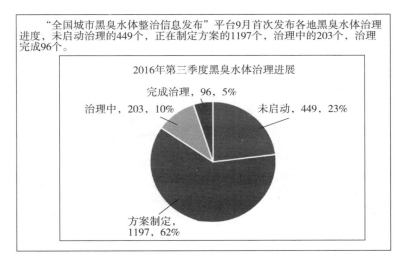

图 17 黑臭水体治理（2016）

来源：《黑臭河观察治理简报（2016.10.25）》，公众环境研究

中心官网。

  总之，环境破坏和衰退是冲突发生的新诱因，也成为人们认识社会冲突的新视角，甚至变为冲突的导体或载体。即使环境匮乏与变化不是冲突发生的充分条件，但仍是重要的必要条件。环境冲突的特性正在于此，我们不能低估环境匮乏对于冲突爆发的重要作用。但环境冲突的产生是多种因素共同作用的结果，这个作用格局是错综复杂、相互交错的，不是单一因果关系。环境退化是诱因，但不是唯一的因素，甚至只是一个催化因素，而不是根本原因。在非线性的因果链条两端是社会性因素，环境因素则位于因果链条的中间，它催化或引发了传统冲突，最终发生了冲突的"目标替换"。① 所以，环境变化是否会发展成为环境冲突，还取决于其他因素的作用，在其中，因变量和自变量都在不断转化之中。而环境问题的公共性质，环境冲突的社会属性，都表明基于环境变化的冲突形式超越了个体层面，又有复杂因果网链中所包含的多种因素的循环交叉激荡，最终导向群体效应。

---

① SIMON A. M. , KURT R. S. Environmental conflicts and regional conflict management［A/OL］. http：//www - classic. uni - graz. at/vwlwww/steininger/eolss/1 _ 21 _ 4 _ 5 _ text. pdf，2012-04-10.

第三篇

03

环境冲突的群体演化

第六章

集体行动

　　集体行动①一词显然也来自西方世界，这是一个外来词。20 世纪六七十年代，大量的相关研究开始出现，主要是一些国家和国际事件促进了人们对社会运动、骚乱和抗议等现象的兴趣，越来越多的研究经费和研究者进入到这个领域当中来开展研究。集体行动会涉及各种事件类型，如恐慌性反应、狂热性反应、敌对的暴乱、以改变规范为导向的运动、以改变价值观为导向的运动等。② 在斯梅尔瑟那里，集体行为包括：集体暴乱和集体运动。③ 集体暴乱指的是恐慌、疯狂、敌对情绪迸发等，通常具有爆炸性效果；集体运动指的是集体一起努力去改变某种规范和价值观，通常之后会有更长的发展时期。所以，在这个意义上，这个词指的不过是两个人以上的集体行动，几乎包含了我们所有的群体性生活。但也可以从中发现，同样的集体行动，实际上是有区别的。现在仍旧使用集体行动这个语词，只是因为这是一个得到广泛认可的术语，也没有更好的术语可以替代它，但其中的区别应该被认识，我们将在下文论及中国环境群体性冲突的特殊性，这种特殊性是不能通过这种集体行动的内部区分而被认识的，我们关注的是中国式集体抗争行动。之所以首先讨论集体行动，其目的是为了提供一种更为广阔的理论视角

---

① 我们这里所说的集体行动，包括了英语中的 collective behavior 和 collective action 的两种意思。二者的区别，可能在于前者主要由心理学研究进入到社会学等社会科学领域，后者主要以博弈论方法和经济学研究进入社会科学领域。实际上，这两个术语在研究中，研究者并没有专门进行区别。所以，我们不做无意义的区别，而是综合利用相关的研究成果，在这里，我们也交叉使用两种术语。

② SMELSER N. L. Theory of collective behavior [M]. New York：The Free Press，1965：2.

③ SMELSER N. L. Theory of collective behavior [M]. New York：The Free Press，1965：3.

和工具来分析所选择的中国环境群体性冲突（当然我们后面也会涉及社会冲突的内容）。我们是在尝试回答在中国发生的这种环境群体性冲突有什么新的地方值得去研究，因此，我们将在本书主题的关照之下来讨论所涉及的集体行动的理论内容。

第一节　集体行动的组织性

集体行动相对于个人行动，相对于其他形式的活动，有一个在研究者之间始终引发兴趣的内容——它的组织性。在很多时候，集体行动都被认为是没有组织的，或很少有组织性的。从集体行动的分类中可以看到这一点，那些处于狂热和恐慌的集体行动，它们的自发性质更为突出，有的时候，瞬间就会爆发出来，也许行为人自己也不知道这种群体行动是在什么时候就这样发生了。而即使那些长期的运动，如社会改革运动，甚至政治与宗教运动，都是在体制外进行的，是非制度性的，在传统意义上，集体行动的组织化被削弱了，也就是说，集体行动不可能如传统行为那样有着同样的组织分析框架。但是，这种论述具有争议，遭到挑战。

我们看到集体行动似乎也可以在体制内的框架内得到研究，也就是与体制内的个人行动研究一样，拥有一个可以相互影响的分析框架。在群体的情景下，人们参与到集体行动当中，并不是因为他们被某种情绪所传染了，而是因为他们认为这样做是合适的。在其中，涉及大量相互关联的社会关系，我们在集体行动中看到了传统社会组织中制度化的行为，也就是说，我们不再把乌合之众看成是集体行动的原型。当然，这种组织化是一种新的形式，与体制内的组织形式不同。有的集体行动看似杂乱无章，但它们有着正在发生的联盟方式，从而使人们联合在一起来行动。所以，集体行动的特点不在于没有联盟规则，而在于它们联合方式的不同。所以，我们应该更关注在这种情况之下，人们是如何彼此联系协调行动的。集体行为总会围于一定的社会政治环境而有所不同，也会在理性和非理性之间不断摇摆。所以，并不像人们经常认为的那样，与制度化的行为相比，集体行动完全没有理性的动机。实际上，集体行为和传统制度化行为一样，都是存在理性和非理性的动机，就这一点来说，二者是相似的，没有一方占据着有利位置。集体行动是情境中的社会行动，行动者对社会情境的建构会与体制内的社会认知发生冲突，由此成为诱发集体行动的因素之一。但总体来看，集体行动与体制内行动，在制度化层面，的确有所不同，至少表面上看来，这种非制度化的形式仍旧是不得不引起研究关注的一面。

第二节　分类问题

关于集体行动的研究，研究者很多时候都关心概念化问题，并延续着传统的分类方法，其中有从抽象的类型化分析而来的分类，也有更注重经验数据的系统分析而进行的分类。但在分类过程中，还是遇到一些难题，比如，由于受到时间和文化的限制，分类便会受制于这种流动变化的特性。分类总会有一些滞后性，因为集体行动始终在不断地变化着。人们曾经会很关注集体对人施以私刑的暴民行动，但这种集体行动在如今并不是常见的群体现象，人们更多采用静坐示威、祈祷示威、和平请愿等方式来集体表达诉求。在许多集体行动的场合，也发现了大量所谓的无感应旁观者群体。这些人也被统计在集体行动的人数当中，但实际上，这些人只不过是因为路过或好奇，有的甚至于不清楚究竟发生了什么事情，而出现在集体行动的时间与地点。所以，我们还是应该注意集体行动中群体中的角色差别，否则，就会在分类过程中流于形式化和简单化，而忽视事件中丰富的情节和集体行动的本质问题。

在早期的一些研究中，一般的社会运动和独特的社会运动被做了区分，或者改革、革命和表现型运动被做了区分。① 有的学者则区分了控制型运动

---

① BLUMER H. Collective behavior ［C］// Gittler J. B. Review of sociology：analysis of a decade. New York：Wiley，1957：127-158.

和无控制型运动，或者可以称之为对运动中的不同片段进行了区分。① 所谓控制型运动，由有组织的群体发起，其中有正式的领导者、具体计划、意识形态和成员；无控制型运动，意味着重新塑造一种不同于原有联盟背景的价值观、规范和党派观点。还有人将集体行动区分为古典社会运动和有限的抗争运动②，古典社会运动是指那些有着历史重要意义的真正的社会运动，而有限的抗争运动是指小群体运动。而根据运动成员所具有的普遍性动机可以划分出三种类型的运动：以价值理性主导的精神运动，这是一个信徒般的团体；由一个具有魅力的领导者激发的情感冲动型运动；追求私利的目的性或功利性运动，这是一个功利联盟。而集体行动的目标的确也存在不同，有的指向言论自由、集会自由和出版自由等自由主义传统，有的指向物质需求等带有社会主义性质的变革要求。③ 之前我们也提到了斯梅尔瑟的分类研究，他基于行动的一般信念将集体行动分为基于价值的运动和基于规范的运动，前者是要改变普遍的社会价值观，而后者是要改变有限的规范和规则。

对集体行动的分类由过去到现在，从其实质性来看，并没有大的区别，虽然分类依据不同，分类的样式也有很多，其中包括了利益群体型的分类，无非是基于价值导向的，基于权力导向的，基于权利导向的，基于参与导向的；有的寻求社会结构的整体或部分变革，有的只是寻求对个人的全面或部分的改变，这其中就有相对剥夺理论的影子。社会运动的组织化程度随着时间的推移而变得越来越高，对成员的控制也越来越强，无论这个运动的目的是想改变社会，还是想改变个人，都有职业化或专门化的趋向。集体行动一路走来，最初是原始的历史性运动，后来变成了反应型的运动，再后来则是一种现代形式的集体行动，其中混合了暴力与和平的方式，甚至也可以包括了战争，但这超出了本书的研究范畴。

---

① GUSFIELD J. R. The study of social movements ［C］// SILLS D. L. International encyclopedia of the social sciences. New York：Macmillan & Free Press，1968：445-452.

② HEBERLE R. Types and functions of social movements ［C］// SILLS D. L. International encyclopedia of the social sciences，New York：Macmillan & Free Press，1968：438-444.

③ TURNER R. H. The theme of contemporary social movements ［J］. British journal of sociology，1969，20 (4)：390-405.

特别应该提到的是，在集体行动的发展历史当中，总会在集体行动中出现新的群体，这其中的有些群体与占统治地位的秩序不相容，或处于斗争当中。而另一些群体则是具有包容性的群体，它们往往受到了忽视。这些群体具有调节作用，它们具有合作性的内部关系，外在表现也是寻求一体化的融合行动，在一些自然灾害出现后，形成的一些自愿性组织的行动，就属于这一类的集体行动，或者，在一些环境污染发生后，积极行动开展救助的社会组织的行为，也属于这种集体行动。

曼瑟尔·奥尔森（Mancur Lloyd Olson）则是将公共选择理论引入了集体行动的研究领域之内，他并没有对集体行动下定义，对集团的分类也不那么明确，可能的区别是：小集团与大型集团，排外集团和相容集团等，但集团的规模仍旧无法确定。在这些分析当中，奥尔森强调的是集体行动的困境，他认为从理性的和寻求自我利益的行为这一前提可以逻辑地推出集团会从自身利益出发采取行动，这种观念事实上是不正确的……认为集团会增进其利益，这种在社会科学中流传颇广的观点是没有依据的。[1] 当然，小团体的情况可能更为复杂。奥尔森认为只有一种独立的和"选择性"的激励会驱使潜在集团中的理性个体采取有利于集团的行动。[2] 所以，如果要克服集体性的困境，还是要对个人进行个体激励，没有赏罚分明的奖惩机制，这种集体行动就会陷入困境，一个人如果能从他人的行动中获得同样的好处，他就不需要自己去行动了，这是一个再简单不过的博弈论观点。[3]

第三节　引起集体行动的张力

一般来说，集体行动源于其所处的社会状况存在问题。集体行动经常与

---

[1] 曼瑟尔·奥尔森. 集体行动的逻辑 [M]. 陈郁，等译. 上海：上海人民出版社，1995：1-3.

[2] 曼瑟尔·奥尔森. 集体行动的逻辑 [M]. 陈郁，等译. 上海：上海人民出版社，1995：41.

[3] 曼瑟尔·奥尔森. 集体行动的逻辑 [M]. 陈郁，等译. 上海：上海人民出版社，1995：192.

一些张力联系在一起，这些张力来自经济危机、独裁统治、大灾难等，再就是来自被感知到的风险和发生的伤害。当一群人传统的生活方式或所期望的生活状况被扰乱了，这个时候发生集体行动的可能性就会增加。张力的存在可以指社会秩序中存在着矛盾、分歧、冲突、剥夺、紧张、含混之处等，但这种存在也可以是被认为存在的。张力的概念是一个宽泛的概念，可能包含了社会中所存在的许多问题。

集体行动总是与谋求社会改变联系在一起，或者集体努力来解决社会问题。实际上，集体行动可以被看成是体制外的群体试图引起社会变化或阻止社会变化。但是，人们在许多相关问题上还没有达成共识，比如说，我们应该强调和重视何种类型的张力，张力与集体行动相联系的方式有哪些，张力与人们所认为的张力之间的联系，以及将集体行动作为解决问题的机制的效果。与集体行动有关的张力很多，但很难宣称哪个张力存在了，就会发生集体行动，比如说，出现了意识形态的分离，有了能够被动员起来的群体，社会控制不再那么具有压迫性，这些条件存在了，但都不能说就会出现集体行为。也就是说，只有张力并不可能产生集体行动，只有张力是不够的。

张力在社会抗议和运动中的角色始终在被讨论着，后来，出现一个引起注意的词汇：相对剥夺。作为一种具体的张力描述，也许比那种一般性的表述能够更好地发挥作用。曾有学者提出了革命和叛乱的 J 曲线假设，将马克思的对革命的观察与托克维尔对革命的观察合并在一起，马克思认为革命将在社会状况变坏时发生，托克维尔认为革命将可能在状况变好的时候发生，而经过整合的观点为：革命最可能发生的时间是在长期的经济和社会发展后所出现的一小段急速恶化的时期。① J 曲线观点的确对一些革命和叛乱具有解释力，似乎是这些革命和叛乱发生的必要条件，但显然，在解释的事例上是有选择的，那些不能以 J 曲线观点加以解释的事例被有意地漏掉了，但在一些事例中 J 曲线观点提供了建设性解释尝试。

泰德·戈尔（Ted R. Gurr）则将这种模式称为先成功后失败的"渐进式

---

① DAVIES J. C. Toward a theory of revolution [J]. American sociological review, 1962, 27 (1): 5-19.

相对剥夺"。① 戈尔不仅以此来解释社会运动，而主要借此解释政治暴力的模式。政治暴力产生于不满的政治化，以及当权者随后的反应。这些来自相对剥夺感的不满是参与者加入集体暴力的基本条件。而相对剥夺是指人们所感知到的在人的价值期望与实现价值能力之间的差距。当社会条件增加了人们的期望，却没有增加人们实现期望的能力，或者削弱了人们的能力，但没有降低人们的期望，这个时候就会加剧不满的强烈程度。这些可能降低能力和增加期望的因素包括：生产的下降、负担的增加、社会身份的丧失、新的群体归属感、对其他群体所得的新认识等。在这里，人们感知才是重要的因素，客观上是否存在并不重要，尽管二者有所关联。而社会力量包括文化传统对公开侵害的态度、以往政治暴力的成功程度、统治的合法性和政府对那些具有相对剥夺感民众的回应，都会对不满向政治目标的聚焦产生影响。

当然，J曲线和相对剥夺感都对解释集体行动做出了理论贡献，但在一定程度上弱化了集体行动中引发冲突的有关特殊阶层、权力、伦理和身份因素的讨论。此外，我们也应该清楚，相对剥夺是抗争的产生条件，但它不是一个必要或充分条件。也就是说，相对剥夺促使抗争出现，但它既不是抗争发生的要件，也不是抗争发生的充分决定性条件。而且，我们注意到，戈尔的相对剥夺不容易度量，在他论述相对剥夺的时候，他似乎在讨论绝对剥夺。当人们在社会生活中，遭受了不公平的对待，处于不公正的分配体系中而受到剥削和压制，这就是一种完整意义上的剥夺，在被剥夺者看来，相对的词汇不会进入思考范围，人们基本仅仅会关注剥夺，而不会浪费精力再去思考相对的意思和限定，强调相对的剥夺已经没有意义。当然，如果从比较精确的方式来理解相对剥夺的意思，我们认为这个相对剥夺应该是指不那么极端和恶劣的剥夺，反之，则是绝对剥夺了。而如果从这个角度来理解相对剥夺，绝对剥夺也许更容易引发集体抗争。

虽然，相对剥夺对集体行动具有一定解释力，但我们不能把引发集体抗争的因素简化归结为相对剥夺。正如有的学者指出的，当充满冲突和矛盾的

---

① GURR T. R. Why men rebel [M]. Princeton, NJ: Princeton University Press, 1970: 421.

制度无法应付多样化的剧烈张力的时候，集体抗争更可能发生。① 这样，相对剥夺就与社会制度相联系了，相对剥夺也许不足以引发集体运动，但当这种剥夺感发展成为对现存秩序和制度合法性的不满和质疑时，那么，社会不安的意识就出现了，而这种意识有时被看成是革命意识状态，集体抗争或革命抗争就可能发生了。相对剥夺提出了社会不平等，但只有将这种社会不平等的认识继续发展，从而产生将社会秩序看成是不合法的认识，抗争发生的可能性才会大幅增加。

第四节　思想观念

思想观念是集体行动中一个关键性构成，信念关注人们思想上的张力。这种思想观念指导着行动的领导者和参与者，并使集体行动的目的成为合理的行动目标。思想观念的深度和感召力，在集体行动是否能够吸引更多的人加入，为此义无反顾地奉献自己的力量方面起到了重要的作用，一个有着思想深度的群体能够吸引更多的支持者和新成员。虽然，一些研究者在研究中并不特别关注思想观念，但这不影响思想和观念因素在集体运动中所具有的关键作用，比如，指出集体行动的目的性和理性趋向，或者将集体行动和社会改变更好地联系起来。然而，集体行动的不同类型是如何受到思想观念所影响的，这一点并不容易得到证明。例如，环境群体，我们很难在环境运动中区分基于价值观的运动和基于规范的运动，因为在运动中，这两种思想观念混合在一起，通常情况下是同时具备的。在西方的学生运动和工人运动中，也是同样的情况。

这应该关系到同质群体的运动和异质群体的运动，其中的信念取决于抽象化的程度，取决于行动的类型和阶段。所以，一个集体行动可能在开始的时候与官方的思想意识是相似的，但后来随着运动的进行，发生了与官方意

---

① OBERSCHALL A. Social conflict and social movements [M]. Englewood Cliffs, NJ: Prentice-Hall, 1973: 371.

识形态的分离，这个过程也可能相反。而在这里对信念和动机做区别对待也许会有意义，参与者是带着各种不同的动机加入这个集体行动中的，但他们彼此却分享着某些共同的价值和信念。当然，在集体行动者中也许的确存在不同的思想信念，比如，在领导者和参与者之间就可能存在这种差异。如果集体行动中有领导者的话，这个领导者的信念也许更为复杂，不能与普通成员的信念体系等同视之。而即使参与者的思想观念是一致的，他们也同样可以因为不同的目的来参与这个集体行动。

思想观念在集体行动中的确是一个非常重要的因素，它可能使集体行动更易形成一致的趋向，但也可能导致集体行动的瓦解。所以，当谈论到集体行动中的思想观念时，有许多模棱两可的模糊条件和区域，我们不能给出一个肯定的论断。而且，思想观念也许在一些集体行动中是重要的，但在另一些集体行动的过程就变得不重要了。因此，一些研究者可能会淡化对集体行动中思想观念的研究，而将注意力集中于社会异化、权威主义、落后的教育等因素之上。

第五节 动员

集体行动的产生总要有一个动员的过程，尽管存在张力、信念、冲突等许多促成因素，但直到被影响的群体真的组织起来形成了集体目标，集体行动才可能发生。在动员过程中，领导者的角色显然更为重要，这也同样是研究者关注的重点，在将潜在的行动变成实际的行动时，相对于普通成员，领导者的角色无法替代，所以，领导者在集体行动中的角色，被一些研究者更为强调。但大众在动员中的角色也没有被忽视，毕竟如果只有精英的动员，而没有大众的反应，集体行动也根本不会发生。而领导者也来自运动的基层，来自大众当中。作为普通成员，特别是那些受过教育的职业者如果不能在现实中获得想要的工作和生活，他们会更容易被动员成为集体行动的参与者，具有才能和抱负的这些自由职业者没有更多可失去的，相反，他们有更多想要的，至少通过集体行动，也许可以使这个体系变得更加灵活一些。

在集体行动中，也有鼓动者这一角色。从我们的称谓中，就可以感受到这个所谓的领导者所带有的负面色彩。他们带有强烈的自我利益而鼓动起集体行动，但引导行动向着与参与者利益相反的方向发展，他们利用了大众的意愿和倾向而实现自己的目标。这种行动的鼓动者即使非常具有个人魅力，甚至没有招致批评，但最终将会毁掉整个集体行动，犯下大错。在社会动荡的情况下，大众之间的社会互动也许可以削弱鼓动者角色的重要性。领导者与跟随者之间的关系的确非常微妙，有多少种类型的领导者，就有多少种类型的跟随者。鼓动者在哪些方面不同于其他领导者，他们都采取什么方式来动员行动，传布信念，又是如何保持住对行动的领导权的，这些问题都是具体的研究主题。

领导者在大众运动中的角色问题得到很多关注，但在一些民粹主义者那里，他们更强调大众的角色，但实际情况是，他们看到的只是表面现象，大众与领导者在运动中的角色也许会发生不断的转换，但最终的控制权还是属于领导者。但无论怎样，大众动员和大众运动的威胁都是巨大的，尚未发动的也好，已经发动的也罢，在当政者那里都是可能做出妥协的条件，当政者有时会为了平息未来的大众抗争开展谈判，做出妥协。

在对大众动员开展的研究中，理性的集体决策路径得到很多的关注。一些经济学家，如奥尔森等，就是利用博弈论模型来研究大众动员。这样就会涉及成本收益分析，在这里，参与者会被看成对集体行动进行了投资，他们要在投入成本后，有所收益，保护好自己的利益，达成集体目标，这其中可能关系到风险报酬比率。但这种研究倾向显然是把所有的集体行动都放在一个完全理性行为的模型和框架内来进行研究和分析，这其中就存在着用超级理性的模型替代了非理性的实际真实行动的危险。聚焦纯粹的手段目的思考，有可能忽视社会压力和思想因素。显然，在集体行动中，同时存在理性和非理性的方面。如果考虑集体行动所要达成的目标，行动的理性性质是确定的，但集体行动者却有着为了达到这个目标而突发奇想，企图简化解决问题方法的倾向，这就增加了非理性的可能性。实际上，人数越多，被操纵的风险也就越大。群体产生的错觉取决于他们被告诉了什么，实际的情况是什么，以及群体内信念和行动的一致性。

　　综上，我们已经根据中国环境群体性冲突的研究需要，对与集体行动理论相关的基础部分进行了一个大体上的论述，我们论及了集体行动的概念、分类、张力、思想观念和动员。这些内容显然不是集体行动理论的全部，至少还会涉及新成员的招募、运动的发展和结果等内容，但根据我们的研究，上述的基本内容已经可以满足后续论述的需要。而且，作为西方舶来的理论，应用于中国式的集体行动，的确存在水土不服的情况，我们将在后面的讨论中指出，中国环境群体性冲突出现了集体行动理论中没有的实践特点，情况变得更复杂，而不是更简单了。"中国式"对理论提出了更多挑战。

第七章

初步分析：惯性思维

在中国，环境冲突更多地表现为群体性事件或集体行动，而成为一种潜在的社会政治问题。正如上文所论，集体行动一词来自社会学的研究贡献，我们所说的集体行为，具体地说，是指一种以自组织人群为典型来源的非制度化和低组织化的群体行为，这种定义只是将集体行动当中的一部分行为作为研究对象，而这正是在中国发生的集体行动的基本范畴和特点所在。根据一般的发生演化推理，环境冲突为何表现为集体行动，如何发展成为群体冲突，单一的环境诉求为什么会演变成一定规模的集体抗争，并同时在和平请愿和暴力手段之间徘徊，是我们在这部分中讨论的重点内容。对环境冲突的集群演化路径所进行的社会政治分析，是环境匮乏主题、环境冲突主题的延续和深入，也是我们理解环境群体性冲突发生逻辑的重要部分。但下一部分自反性分析才会与中国式更好地接合，这部分的一般性演进思路，只是一个开始。

第一节　社会规模性

当代环境问题的一个明显危害就是它的社会规模性，这个特性的加强似乎与人类社会的工业化和现代化脚步齐头并进，在今天发展中国家的现代化进程中，这一点有着深刻的体现。环境问题的公共性质正是由于它的规模特性①，就国内有限范围而言，它的影响对象通常是人群，而不是单个的人。如水污染、耕地破坏、空气污染所损害的对象正是该地区的居住人口。而像空气污染这样长期累积而成的环境污染问题，影响的区域和人群会更为广大，也更易于对人们身体健康造成伤害，因为日常防护更为困难，而改变空气污染的现状则需要更长时间的全面整治与设计规划，各方面都会承受巨大的压力。地下水污染不但很难控制和勘测污染区域，更可能是一种不可逆的结果，也就是说，一旦污染形成，不但面积大，而且很难恢复。中国的人均水资源极其有限，这无疑又会带来规模性影响。而此类环境问题带来的社会效应势必是规模性的。

在面对这样的环境问题的时候，人们是以个体身份逐渐感受到的，但当越来越多的人感受到此类问题，而这样的问题又是他们同时面临的关系到生命健康的问题，这些原本是分散的个人，就会开始意识到彼此在共同的环境问题上所具有的利益连接，特别当分散的个人以集体形式成为环境冲突一方当事人的时候，他们就会形成一个有着共同目标的利益群体。这个利益群体也许只是暂时性的，甚至是潜在性的，并未表现出有组织性。但在环境冲突中，他们会深切地感受到他们共同的环境利益，更紧密地靠拢并团结在一起。这些个人或许在其他方面联系无多，甚至存在分歧与冲突，但仅仅是这个环境冲突中的共同利益和生命健康威胁就会成为彼此集合在一起的纽带，尽管有时只是短暂的联合。环境问题的规模性导致了环境冲突的规模性，更突出地反映出冲突的群体塑造功能：当人们面对一个共同的对手时，联合的契机就会在他们中间产生。这种联合甚至不是有组织形成的，而是自发形成的。这种联合会伴随环境冲突的频发而不断得到加强，教导人们掌握社会秩序规则和实现人的社会化，并为协调一致的行为准备了条件。②

环境问题的规模性发展成为冲突群体的规模性，这个集群行为的环境群体基础并不等于环境群体性冲突的发生，它的形成不过是弱势方在环境诉求

---

① 赵闯. 西方生态政治的理论诉求与构设 [M]. 大连：大连海事大学出版社，2010：27.

② L·科塞. 社会冲突的功能 [M]. 孙立平，等译. 北京：华夏出版社，1989：126.

中谋求力量平衡的一个正常趋势，但一个有缺陷的社会政治结构与功能体系却会刺激其发展成为群体性冲突。

第二节　结构失调与功能障碍

环境冲突的出现与社会政治背景因素的作用密切相关，环境与政治的联姻早已受到关注①，环境冲突的产生和影响与社会政治之间存在一条相互关联的因果链条，环境冲突的发生和影响不仅与某些私人行为有联系，更主要与某些集体行为和公共行为相关联，集体与公共行为对环境问题的漠视和蓄意倾向导致环境冲突的出现。这其中反映出社会政治结构失调和功能障碍带来的严重环境后果。

在现代化过程中，受到追求经济增长目标的刺激，社会行为和政府活动都带有明显的经济特性，并且很难改变。即使公共行政和政府管理领域，也日益为追求效率而深受商业管理和企业管理所影响。在此过程中，不免受到"成本收益"观念的感染和干扰，社会与政府对经济发展应该起到的"刹车闸"作用不但没有发挥，反而被"经济人假设"所绑架。地方政府逐渐成为"企业型政府"，经济利益成为首要目标，即使是短期的经济利润，也会不惜环境代价。地方政府部门反而成为污染企业的经济附庸，"政经一体化"成为环境破坏者的体制性保护，形成所谓"污染保护主义"。② 在这种情况之下，政治体系的各种活动就很少会带有环境意图和期望，在体系层次、过程层次和政策层次方面③，都表现出功能障碍。整个体系对环境冲突现象没有适应性调整，环境要求的输入没有得到重视，在政策层面也没有实际的约束性作为。同时，由于片面追求财税收入的增加，地方政府不能合理有效利用

---

① 赵闯. 西方生态政治的理论诉求与构设 [M]. 大连：大连海事大学出版社，2010：21-35.

② 张玉林. 政经一体化开发机制与中国农村的环境冲突 [J]. 探索与争鸣，2006（5）：26-28.

③ 加布里埃尔·A. 阿尔蒙德，等. 比较政治学 [M]. 曹沛霖，等译. 上海：上海译文出版社，1987：16-18.

政府工具，没有根据实际的环境冲突情况调整规制政策，在规制制定、规制适应条件和实施等方面没有做出适时改变，致使作为公共目标的环境保护与治理功能难以实现。而结构失调也导致其中应该表现出的强制性、直接性、主动性的功能特征大大减弱。地方政府并未对环境污染者进行有效地阻碍而对环境保护者进行有效地激励，缺乏强制性限制功能；也未能有效地行使授权、资助和公共服务的职能，不能整合相关层级部门及时处理环境冲突问题；也不能成功完成预防性信息与数据的搜集与分析，很少提前公开倡议民众参与相关问题的讨论与决策，多为事发之后的被动处置。"体系的守门者"① 在对可能转换成为要求的各种愿望进行筛选的过程中，环境愿望被大大缩减，从而促使这种源自环境损害的愿望以没有中介的方式发生转换，成为对当局的直接要求，进而引发群体冲突。如果同时遭遇到负面的社会政治背景因素，如腐败现象，发生暴力冲突的可能性就会增大。"一个腐败能量高的社会，其暴行能量也高。"②

伴随社会转型期的社会流动性的加快和政治认知度的提高，这种社会政治结构失调和功能障碍会引起更大的不满情绪。③ 环境破坏的受害者将有意或无意地把这种境遇同所遭受的各种不平结果相联系，产生严重的被剥夺感。这种心理聚变反应将为环境群体性冲突的发生提供进一步的心理推动力。

第三节　集体被剥夺感

环境破坏的损失承受者通常是社会弱势者，而环境污染的最大、最早的受害者往往就是那些最贫穷的人们。在一个国家工业化发展迅速的地区，中

---

① 戴维·伊斯顿. 政治生活的系统分析［M］. 王浦劬，等译. 北京：华夏出版社，1998：101-102.

② 塞缪尔·P. 亨廷顿. 变动社会中的政治秩序［M］. 张岱云，等译. 上海：上海译文出版社，1989：69.

③ 罗伯特·K. 默顿. 社会理论和社会结构［M］. 唐少杰，等译. 南京：译林出版社，2008：377.

下层民众承担着巨大的环境代价。他们没有能力来应付由此带来的灾难和损害，他们缺少必要的物质基础、基本设施和安全保障，社会政治体系并没有为他们提供有力或必要的支持。环境冲突无疑加剧了这种弱势地位的感受，使他们产生更大的挫折感。他们愈发地感知到：在所期望的价值与所能实现的价值之间存在着巨大的差异，这就是所谓的"相对剥夺感"。①

所期望的价值就是指人们相信他们无可非议地有资格得到的生活物品和生活条件；所能实现的价值就是他们认为他们能够获得和维持的生活物品和生活条件。在环境冲突中，生活物品和生活条件对应的就是环境物品和环境条件，而这些物品和条件甚至是生存必需品。然而，我们也应该看到，由于环境物品的特性与传统生活物品的特性有所不同，它具有极大的外部波及性，不仅会影响普通民众，也会波及精英群体。我们已经看到环境问题和冲突群体的社会规模性，对一个国家而言，环境冲突影响的地理范畴和行政区划也已经不再局限于社区、街道、市辖区，而很多的时候是一个城市，甚至多个城市，环境污染带来的后果不会区分贫富贵贱，所涉及的民众便包括了这个城市的各类人群。无论"穷人"，还是"富人"，他们都面临着环境冲突中的环境风险或环境损失，只不过在时间先后、程度大小、承受能力上有所差异罢了，但最终都难以幸免。即使环境风险或损失的承受者中包括了一些精英人士，但由于在环境冲突中所要面对的可能是政商同盟，他们也同样处于弱势地位而受挫，也就是说，在环境冲突中，他们也会成为社会弱势群体，会成为被剥夺者。

对于承受环境风险或损失的人们来说，在他们中间所形成的是一种"集体被剥夺感"②，他们共同感受到了对他们不公正的环境剥夺，并达成广泛一致的共识。特别是这种环境不公的感受，不但发生在同一类群体中，而是发生在不同类的群体中，让环境冲突中的（潜在）受害者产生了更坚定的心理定式，即，他们并非势单力孤，会得到普遍或多数的理解和支持。这种集

---

① GURR T. A causal model of civil strife: a comparative analysis using new indices [J]. The american political science review, 1968, 62 (4): 1104-1124.

② GURR T. Psychological factors in civil violence [J]. World politics, 1968, 20 (2): 245-278.

体被剥夺感的形成将有力地催化试图改变这种"被剥夺"现状的集体行为，在相对剥夺、挫折和进攻之间形成一个动因组合①。集体被剥夺感以及由此激发的不满情绪会不断地蔓延，对更多的环境受害者和同情者产生动员效应。而对于集体行为来说，参与者的数量越多，危险性越小。② 环境冲突中的集体行动者会对后果做出二元判定，即计算利弊得失，为了最大限度降低环境抗争产生的风险，他们也会尽力增加人数，他们并非是乌合之众。

环境冲突的集群力量就这样在一步一步地积累和蓄积，距离集体行动爆发的阈值越来越近。但即使这样，也不意味着就一定会发生环境群体性冲突，因为冲突问题总要参考另一方或其他各方的行动，而不能仅仅对冲突中的一方做出考量。

第四节　消极的决策观念和处理手段

在环境冲突集群力量的积蓄阶段或环境群体性冲突爆发初期，决策观念和处理手段扮演了一个非常重要的角色。一般来说，环境群体性冲突中的发起群体是（潜在）环境受害者，对于这个群体，特别是对于单纯为了环境维权的功利性联合体，群体性冲突是一种被迫的非常规的维权方式，他们的真正目标是实现平等协商与公平合作。冲突不是事件的全部，也不会是事件的最终结果，没有最后的合作，冲突也就没有任何意义。③ 面对在群体冲突阈值上下摆动的力量，决策观念过于消极，处理方式过于激烈，会对环境群体性冲突的加剧产生推波助澜的效果。

地方决策者如何看待环境冲突，会对环境冲突的集群转化产生重要影响。因为地方决策者对环境冲突现象的绝对的优劣认识与判断，几乎决定了

---

① 陈潭，黄金. 群体性事件多种原因的理论阐释 [J]. 政治学研究，2009（6）：54-61.

② GRANOVETTER M. Threshold models of collective behavior [J]. The american journal of sociology，1978，83（6）：1420-1443.

③ 乔纳森·H. 特纳，社会学理论的结构 [M]. 吴曲辉，等译. 杭州：浙江人民出版社，1987：13.

他们的应对行为和实施手段。他们只看到冲突对社会政治总体结构的反功能，却没有看到这种冲突对特定群体和阶层的功能①；只看到冲突造成的失调和混乱，却没有看到它也充当着社会的"安全阀"②。任何一个社会都会存在冲突，也都会有冲突得以爆发的可能，在环境问题成为全球问题以来，每一个国家也都面临着日益重要的环境问题，环境冲突已经成为一种普遍现象。地方决策者没有看到，以适当形式出现的环境冲突会使社会问题更容易被辨认，也更容易提早发现潜在的冲突根源，从而增加合作的可能性，避免形成更严重的冲突。地方决策者并没有全面深入地衡量和评估环境冲突，也就没有认识到当代变化社会中的环境冲突并非绝对不能有，所以，压制更容易成为主要的处理手段，而越是压制，遭到拥有"集体被剥夺感"的（潜在）环境受害者的反弹就越是强烈。后者虽然渴望合作，但似乎也在等待这样的机会来表达一下心中的不满。如果地方决策者能够提前疏导、和气应对，集群力量的爆发力就如同打到了海绵上而得到消解，但地方决策者却没有这样做，反而施加了刺激因素，压制型治理增加了暴力冲突发生的可能性，推动不满情绪在群体中传播，从而产生了进行集体行动而寻求力量平衡的心理基础。

因此，发起环境群体性冲突的当事群体的意愿并不在于冲突，而是在于合作，之所以爆发环境群体性冲突，是因为面对消极的决策观念和压制处理，集群抗争已经成为实现合作的唯一途径。

第五节　谣言传播与公信力弱化

谣言传播与地方政府公信力弱化的联合效果对环境冲突的集群演化构成一种额外干扰因素。虽然是额外干扰因素，但仍旧对结果具有至关重要的影

---

① 乔纳森·H. 特纳，社会学理论的结构［M］. 吴曲辉，等译. 杭州：浙江人民出版社，1987：26.

② MATTHEW R. A.（et al.）The elusive quest：linking environmental change and conflict［J］. Canadian journal of political science，2003，36（4）：857-878.

响，而二者之间也有着微妙的关联性。

谣言的产生和流传需要同时具备两个基本条件：一个是事件的重要性，另一个是事件的模糊性。① 环境破坏及冲突对环境受害者的重要性不言而喻，事件发展过程所受到的关注程度极高，如果事实、过程和结果没有得到及时的权威说明，或者相关说法出现矛盾而无法令人信服，谣言就会流传开来。特别是在互联网时代，多样化的传播手段使谣言更容易获得流传的机会。而对谣言传播的这种互联网优势，对地方政府权威信息的发布和公信力的增强也并非是一种劣势，地方政府同样可以利用互联网的多样传播手段，澄清事情的真相。但不管是通过互联网渠道，还是通过传统传播途径，政府公信力的强弱始终举足轻重。在这个过程中，地方政府的权威信息是谣言流传的最大障碍，权威信息的及时公布将会有力遏制流言。但是，如若相关政府部分的公信力受到怀疑，它的反效果会更为严重，政府信息会被反面解读，不但不会对谣言起到阻止作用，反倒会刺激谣言的散布。谣言内容可能对环境受害者不利，也可能对其有利。不利谣言的传播将进一步加剧环境受害者群体原本的担忧心理，甚至会激发其恐慌情绪，环境群体性冲突极有可能在谣言消失之前爆发。有利谣言的传播会暂时缓解冲突，但当谣言慢慢消失，高期望的破灭和巨大的心理落差便会随之而来，缓和的不满情绪极有可能迅速发展到激烈释放的边缘。

谣言传播与地方政府公信力弱化的后果将促成虚假信息在环境受害者群体中不断流传，不满或激动情绪发生群体感染，非理性因素更多地进入环境冲突事件。最终的结果就是环境冲突事件被引入歧途，形成爆炸性的群体效应。

通过对环境冲突的集群演化所进行的社会政治分析，我们从整体上给出了环境群体性冲突的发生逻辑，即，它是由环境问题的社会规模性、社会政治机构失调和功能障碍、损失承受者的集体被剥夺感、过于消极的决策观念和处置手段，以及谣言传播和政府公信力弱化所产生的综合作用而共同导致

---

① 奥尔波特，等.谣言心理学［M］.刘水平，等译.沈阳：辽宁教育出版社，2003：17-18.

的。这几大关键因素都可能对环境群体性冲突的发生发挥重要影响，但每一个都不可能单独导致集体行为的发生。每一个关键因素都只是引发环境群体性冲突的必要条件，而只有将这些必要条件集中在一起才构成了环境冲突集群演化的充分条件。这些关键因素一个一个地累加，最终带来集群事件，这就是"价值累加理论"① 的要义所在。总之，从环境退化到环境冲突，再到环境群体性冲突，社会政治因素从中穿针引线、贯穿始终。

---

① SMELSER N. J. Theoretical issues of scope and problems [J]. The sociological quarterly, 1964, 5 (2): 116-122.

第八章

二次分析：自反性思考

　　中国本土发生的环境群体性冲突，是一种带有中国式特色的群体冲突和事件。在前部分章节中，我们依据通常的推理思路给出了一个一般性的演化推理内容，可以说，环境问题的规模性、社会结构失调、相对剥夺、决策观念、谣言传播和政府公信力等，这些都是中国环境冲突演化为群体性事件的重要因素，并在其中的关键节点发挥着重要作用。在丰富的相关研究中，虽然在全面性、逻辑思路、方法运用和语言表述上有所差异，但基本都离不开上述几个方面。但这几个方面并不能完全说明中国环境群体性冲突的本土特点，而在事例中和一些前人的研究中，也会有独特的内容引起我们的注意，从而，让我们意识到，中国环境群体性冲突的复杂性、多面性，不能以一种单一的讨论和判断来予以对待，它呈现出一种集体行动的中国面孔。

第一节　环境公益与环境自利

　　西方学者在讨论集体行动的时候，有一个观点很值得我们在研究中国式集体行动中加以重视，那就是"困境"，也就是说，一些人聚集起来为了达到某一个目的而共同行动，实际上，这是一件非常困难的事情。针对环境群体性冲突来说，这不是一个人、几个人在一起行动，而是至少几十个人来一起行动。需要特别提到的是，这在已经以碎片化和原子化为特征标注的中国社会情境之下，本来是一件极其困难的事情，但为什么近些年会如此频繁地发生。在中国，超过七成的民众从来既不参与官方组织的活动，也不参与民间组织的活动，公民组织很不发达，公共参与一般不是以组织为基础，而是个体化的、非组织化的。① 我们应该了解，环境问题主要是一种公共问题，不是个体问题，所以，当这些参与集体环境抗争的人一起行动的时候，所要解决的直接问题是一个公共问题，所采取的行动是一种公共参与行动。因此，在一个彼此缺少信任、分离倾向显著的社会之下，会有如此多的人聚集起来为了一个公共问题而共同行动，而类似的事件又在全国相对频繁地发生，这是一件不同寻常的事情。

正如前面提到的，也有学者对相关问题进行过思考，提出了"私民社会"和"私民聚集"。② 这就提出了一个非常尖锐的问题，中国环境群体性冲突中的公众参与是为了一己私利，而不是为了环境保护的公共利益。这是一个莫大的指责和大胆的观点。但2013年5月，上海交通大学民意与舆情调查研究中心披露的《2013年中国城市居民环保态度调查》结果显示，77.2%的公众认为环境保护应优先于经济发展；公众对于"邻避设施"抵触情绪较为激烈，51.3%的公众坚决反对居住区周围建立污染性设施；若居住区周围拟建污染设施，78.1%的受访公众表示会参与请愿活动；若发生环境污染事件，68.1%的公众会直接选择较为激烈的方式解决问题，串联邻居或者直接参与群体性事件。③ 从这个调查结果可以看到，认为环境保护应该优先于经

---

① 冯仕政. 快速转型时期的公共参与与社会矛盾 [R] // 郑杭生. 中国人民大学中国社会发展研究报告（2007）——走向更加有序的社会：快速转型期社会矛盾及其治理. 北京：中国人民大学出版社，2007；郎友兴，薛晓婧. "私民社会"：解释中国式"邻避"运动的新框架 [J]. 探索与争鸣，2015（12）：37-42. 实证结果与当前的间隔时间较长，但仍能在一定程度上说明问题。

② 郎友兴，薛晓婧. "私民社会"：解释中国式"邻避"运动的新框架 [J]. 探索与争鸣，2015（12）：37-42.

③ 全国城市居民环保态度调查显示，近八成公众认为环境保护应优先于经济发展 [N]. 中国环境报，2013-05-15；李昌凤. 当前环境群体性事件的发展态势及其化解的法治路径 [J]. 行政与法，2014（5）：33-38.

济发展的人中，竟然有近 34% 的人不坚决反对在居住区周围建立污染性设施①。这个数据似乎告诉我们，中国公众的环境公益素质如此之高，为了环境保护，竟可以在自家门口建立污染性设施。这个调查结果的确出人意料，我们无法有根据地对调查结果提出质疑②，因为我们不掌握具体的调查方法、过程和数据，但依照正常的思维推理，中国公众没有经过西方国家 20 世纪如火如荼的环境主义和环境运动的洗礼，其思想观念不会如此之高。即使在西方国家，环境主义与环境正义运动之间也并非没有争论与分歧。③ 环境主义所致力于保护的是人类所处的外围自然世界，如森林、湿地、海洋、荒野、物种等，而环境正义运动所关注的是人们的日常生活环境，即与工作、学习、娱乐等息息相关的小环境。也就是说，环境运动主要关心的是环境卫生问题，而不是一般的环境问题（与此相关的问题，我们在随后再详论）。所以，这种不同的关注领域会产生不同的行动指向。那么，在调查中所指的环境保护，究竟是居住环境的保护，还是大自然的保护？也许调查者没有区分，被调查者也没有意识到，我们推测应该两方面的保护都会有一些，但二者的比例不甚清楚，而非常有可能的是，受调查者会更关心居住环境的保护。

我们的最终判断是，环境群体性冲突的参与者更多是出于保护自己的周围生活环境的目的，这的确更符合中国当前原子化社会的特点。也就是说，事件中的公众是为了自我或小群体的利益而发起的这个集体行动，这个集体

---

① 在引文中的所谓污染性设施，应该主要是指邻避设施。但这个称谓的确是一个不合适，甚至错误的说法。不管是垃圾焚烧发电厂，还是污水处理厂，甚至核电站，这些不能被称为污染性设施，它们显然应属于环保性设施。作为一种有利于公共利益的建设，环保性设施也被归于污染性设施当中，也成了邻避设施，成为爱护自身生活环境的人们所不欢迎的东西，这让我们对环境公益和公民利益之间的关系有了不一样的认识。

② 事实上，我的确对一些实证分析表示怀疑，我的怀疑基于数据的真假。我们先略去由调研者亲身获得数据的水分，即使那些来自政府权威部门的数据的可信性都值得怀疑，我们应该还记得原国家信访局副局长修改信访数据的新闻报道（洪雪. 国家信访局副局长借修改信访数据敛财百万 [A/OL]. 新浪网，2015−12−04）。如果数据不实，那么根据数据所作的分析，轻则没有意义，重则造成严重误导。

③ 王云霞. 环境正义与环境主义：绿色运动中的冲突与融合 [J]. 南开学报（哲学社会科学版），2015（2）：57−64.

行动所追求的目标没有那么远大，并没有涉及全国性的环境保护，甚至全球性的气候变化那个层面。所以，这种群体性冲突也属于邻避冲突。但是，我们需要追问的是，这些所谓"私民"是否具有一种公民权利，即环境权，是不是为了自身权利、一个社区的利益或一个居民区的利益进行集体环境抗争就不具有正当性了，多少人的利益才能算作公共利益，"公共"一词是否具有一个人数上的要求，比如，低于多少人，就是私利的范围了，而不是公益的范畴了。

所以，基于公民权利而发起的抗争，无论是一个人的权利，还是几个人的利益，我们都不应该称其为私利，而是合法权利。如果我们以私利称之，恰恰证明中国的公民社会尚停留在初建阶段。公民社会正是建立在能够保护公民私利的基础上的，比如财产权，由此才能稳固存在，公民社会本身就是私人的联合。环境公益与环境私利之间并非泾渭分明，所谓环境私利的维护，更能促使将环境公益做得更好，会促使相关方更科学地论证、发展更先进的技术，寻求更合理安全的方案，否则，环保设施成为污染设施的现象就不会停下来。最友善的动机也可能产生可怕的后果，而最贪婪的利己动机有时候也能带来美好的社会福祉。① 环境公益，还是环境自利，与环境群体性冲突的结果没有必然联系，我们无法以此来评判环境群体性冲突的合理性。

在中国，环境冲突之所以能够演变成为群体性事件，归根结底，是这种以公共利益面目出现的地方政府利益在作祟，它深深扎根于中国传统的社会政治土壤之中。中国提倡集体利益和民族利益，但民众真正在意的却是个人的利益，当然通常来说，这种个人利益会被集体利益包裹着，不能轻易示人。而在集体环境抗争的行动中，行动者会承认这就是小到一个社区、大到一个城市的利益，而不再宣称为了国家的利益。在环境群体性冲突中，个人的利益已经与所在社区和城市的利益融合在了一起，这是中国社会的进步。没有对群体利益维护所采取的行动和实践，就不会有对公共利益和国家利益的真正理解和体会。但显然，这个过程也是社会转型的一部分，也充满变

---

① 拉塞尔·哈丁. 群体冲突的逻辑 [M]. 刘春荣，汤艳文，译. 上海：上海人民出版社，2013：15.

数，习惯了传统利益分配原则和格局的权势者，不会习惯社会发生这样的变化。有些规则，他们不能改变，也不想改变，所以，他们也不希望社会发生改变。于是，心理的坚守和现实的发展发生了对撞，引起剧烈反复的行为冲突，但地方政府的行为似乎就没有发生过大的变化，民主程序并未因此而重建①，一切都还在不断重复着。而与此同时，另一方也适可而止，中国环境群体性冲突延续着自身的局限，无法有所突破。

第二节　环境价值取向与贫富

经济状况与环境保护之间的关系，始终是一个存在广泛争议的主题。一项调查采用个人月收入和家庭人均月收入两个指标来分析它们与环境意识水平之间的关系，数据显示，两个指标都与环境意识有着某种程度的正相关。②也就是说，公众环境意识水平会随着收入的增长和生活水平的提高而有所提升。③人们越是具有好的经济基础，就越是关心环境，关心环境保护，在这种情况下，人们不仅仅是为了生存，而是为了生活得更好。而从中国环境群体性事件发生的地理区域分布来看，华东和华南是环境群体性事件爆发相对多的地方④（见图 18 和图 19），而这两个区域基本是中国经济发展最快的地

---

① 侯光辉，等. 公众参与悖论与空间权博弈——重视邻避冲突背后的权利逻辑 [J]. 吉首大学学报（社会科学版），2017（1）：117-123.

② 洪大用. 公众环境意识的测量与分析 [R] // 郑杭生，李路路. 中国社会发展研究报告 2005——走向更加和谐的社会. 北京：中国人民大学出版社，2005；程雨燕. 环境群体性事件的特点、原因及其法律对策 [J]. 广东行政学院学报，2007（2）：46-49，81.

③ 程雨燕. 环境群体性事件的特点、原因及其法律对策 [J]. 广东行政学院学报，2007（2）：46-49，81.

④ 张萍，杨祖婵. 近十年来我国环境群体性事件的特征简析 [J]. 中国地质大学学报（社会科学版），2015（2）：53-61；荣婷，谢耘耕. 环境群体性事件的发生、传播与应对——基于 2003—2014 年 150 起中国重大环境群体事件的实证分析 [J]. 新闻记者，2015（6）：72-79. 两篇论文分别对 2003—2012 年和 2003—2014 年的环境群体性事件做了数据统计，鉴于二者对环境群体性事件数量的统计彼此存在出入，我们并未将其合并整理成一个图示，而鉴于二者所得出的结论是相同的，因此进行了联合引用。

理区域，所以，可以推论出，在其他条件相同的情况下，越是经济发达的省份区域，环境群体性事件爆发的可能性就越大。这似乎会让人得出，中国的环境抗争更多发生在富人或强者的群体中，因为他们更有环境意识，他们具有重视环境保护的环境价值取向。而西方学者也指出：好的经济条件会提升人们对环境的看重和关注。① 但情况会如此简单明了吗？

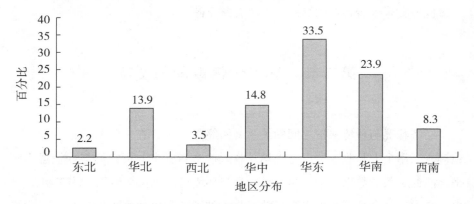

图 18   中国环境群体性事件发生地区分布（2003—2012）

来源：张萍，杨祖婵. 近十年来我国环境群体性事件的特征简析［J］. 中国地质大学学报（社会科学版），2015（2）：56.

2009 年，一部纪录片《愚昧时代》上映，影片讲述了一个真人真事：一个热心于发展风力发电的科学工作者和经营者，试图在英国一个村镇推动风力发电的使用，他努力劝说，甚至提交当地议会审议在一些当地居民所拥有的土地上设置风力发电设施，但遭到绝大多数当地居民的反对和抵制，而这些居民的理由就是不愿意风车破坏了风景，但居民们却声称也关注气候变暖。所以，一个环保项目被一群关注环保的人所抵制了。纪录片中的居民，显然并不考虑风电带给他们的经济效益，他们只在意自己土地上的景观，而重点是，他们支持阻止全球气候变暖。当然，纪录片的背景是在英国，那么在中国呢？熊易寒给我们讲述了一个坐落在县城几十年的小型水泥厂与村民发生的环境冲突。而作者给出了一个令人唏嘘的观点：田园牧歌式的环境是

---

① WHITE R. Crimes against nature：environmental criminology and ecological justice［M］. Devon：Willan Publishing，2008：18.

可爱的，但生存是更为紧迫的问题，对于穷乡僻壤的村民而言，一定程度的污染，只要不直接危及生命，哪怕高于国家标准，也是可以接受的……村民并不希望关掉水泥厂，因为那是他们的生计来源，他们只是希望获得更多的补偿……其背后的行动逻辑其实是一致的，经济利益是首要的考量，而环境不过是拿来"说事"的幌子，归结到一个字，就是穷。① 而在这个事件中，我们感慨的是，环境污染的受害者竟然成了环境污染的保护者。这也许就是联合国把解决贫困问题与可持续发展问题联系在一起的原因了，如果不能使中国农村人口尽快地从贫困的状态下摆脱出来，在生活水平上和生活质量上有一个较大的提升，那么，很难使农民成为环境保护的真正支持者。

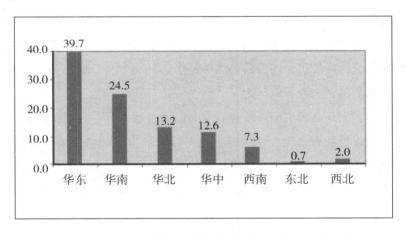

图 19 中国环境群体性事件发生区域分布（2003—2014）

来源：荣婷，谢耘耕. 环境群体性事件的发生、传播与应对——基于 2003—2014 年 150 起中国重大环境群体事件的实证分析［J］.新闻记者，2015（6）：74.

经过上面的论述，也许会让人认为，富裕者才会具有环境价值取向，而贫困者则没有这种环境价值观。而事实是，中国绝大多数发生在华南和华东的环境群体性事件都发生在经济发达地区的相对不发达区域或"牺牲区

---

① 熊易寒. 市场"脱嵌"与环境冲突［J］.读书，2007（9）：17-22.

域"①，农村相对于城市也处于不利地位②。而且，这样的理解，完全混淆了环境价值取向与行为结果。贫困者并非没有环境价值诉求，也并非不希望得到一个优美的生活环境，但事实逼迫他们，优先选择维持眼前的生存，他们还没有能力追求更好的居住环境，这就是环境正义者所谴责的环境非正义，因为摆在弱者面前的是一个没有选择的选择。以信息社会的时代特征，即使一个人自己无法识别环境污染或环境风险，他也可以识别他人所说的环境污染或风险，所以，穷人或弱势者才会拿"环境"作为讨价还价的资本，这正说明他们具有环境价值意识，而不是相反。在有的乡村，由于村民进行着长期的环境抗争，所以，他们经历了近乎环境认知革命的转变，部分村民还自称为"不好糊弄"的环保主义者，此外，乡土文化因素也在村民集体环境抗争中发挥着重要作用，比如，风水传统，但需要指出的是，即使在这样的村落，村民们进行环境抗争的目的仍然不是生态环境本身，而是为了寻求社会正义，用他们的话来说，就是为了"讨个说法"。③

当然，我们还必须说明环境价值取向是否有所差异。环境价值取向也许可以表现为保护荒野、野生动物等，也可以表现为保护居住地周围的环境、景观、卫生。而在中国，富裕者所持有的环境价值取向实际上更多地表现为对环境卫生条件的重视和保护。高收入群体的确对环境有着更高的要求，他们要求自己的居住地远离污染，充满绿色生态，空气清新，但他们却是能源的高消费群体，相对于低收入群体，他们的用电、用水、用气、用地、用油都要高得多。他们的车子排气量更大、房子更宽敞，照明设施更多更亮，电器更丰富、清洁和洗浴条件更好。这也许可以解释为什么在中国，那么多人声称支持环境保护，却谁也不愿意在有能力买车的时候不买车。

所以，我们可以肯定地说，中国环境群体性冲突中的集体行动者无论贫富，他们都具有重视环境质量和支持环境保护的价值取向，但他们为之抗争

---

① 黄之栋，黄瑞祺. 环境正义之经济分析的重构：经济典范的盲点及其超克——环境正义面面观之四 [J]. 鄱阳湖学刊，2011（1）：56-67.

② 张玉林. 环境抗争的中国经验 [J]. 学海，2010（2）：66-68.

③ 景军. 认知与自觉：一个西北乡村的环境抗争 [J]. 中国农业大学学报（社会科学版），2009（4）：5-14.

的目标却与这个取向发生了偏离，有的是为了追求补偿，有的是为了追求生活环境的健康卫生，但也有的是为了单纯的环境保护，只是最后这部分人的数量有限。务实的抗争目标，使得集体环境抗争的群体更容易产生急躁的情绪，也使他们更容易分裂，也更容易成为单一事件型的抗争群体。但我们不能贬低为了环境卫生和舒适条件而抗争的集体行动者，这是未来保护自然生态的第一步，而这也构成了宣告环境权利的开始，尽管人类中心主义的味道仍旧浓厚，但我们总要先让人们觉得环境保护对自己的生活有利，然后，才能开始激发他们去认识保护环境也对自然和其他物种有利。而为了补偿而采取抗争行为，补偿的数额自始至终都是一个复杂的焦点。一般来说，补偿太少，不但没有帮助，反倒会起到反效果，只有当补偿达到一定高额度的时候，反对者才会明显减少。① 而要满足抗争者的补偿要求，在中国，不会是一件容易的事情。所以，环境群体性冲突发生后补偿的艰难会极大地增加此类事件的成本，从而使相关方更谨慎地考虑是否要让这样的艰难处境成为可能。那么在中国，涉事方（非受害者）所采取的规避行为，不是提前做好调研和沟通，游说接受补偿，而是隐瞒相关信息，尽量不提及补偿或给予象征性补偿。所以，中国的环境群体性冲突进入恶性循环。

第三节　扭曲的冲突指向

中国环境群体性冲突的起因是环境污染或环境风险，学者们由此将环境群体性事件分为事前预防型和事后污染型。无论是环境污染，还是环境风险，直接造成污染或风险的涉事方都是企业，但环境群体性冲突的焦点却通常最终指向当地政府。虽然在有的环境群体性冲突整个过程中，也会与企业发生冲突，也有诉诸法律手段，到法院提起诉讼，但多数事件中的集体行动者，既不去找企业交涉，也不寻求法律解决，而是采取请愿于地方政府，给

---

① 张向和，彭绪亚. 垃圾处理设施的邻避特征及其社会冲突的解决机制 [J]. 求实，2010（2）：182-185；王奎明，等. "中国式"邻避运动影响因素探析 [J]. 江淮论坛，2013（3）：35-43.

地方政府施压，从而达到解决问题和实现目标的诉求。也就是说，在众多的环境群体性冲突中，冲突对象都最终指向了当地政府，甚至最后弃涉事企业于不顾，只与当地政府对峙。而结局是，冲突指向政府，要比指向企业，甚至诉诸法律，更有效果，相对更能带来立竿见影的结果。

为什么会出现这种看似错位的冲突指向？为什么地方政府到最后真的就会出面解决？这只能说明，地方政府在整个冲突中始终扮演着关键角色。我们也注意到，在环境群体性冲突中的涉事企业很多都是国企，甚至央企，与地方政府的关系就更为微妙了。有的涉事企业行政级别与地方政府平级，甚至比地方政府还要高，而这些企业的背后同样是政府。很早就有学者指出了中国地方"政商同盟""企业化政府"的现象，但冲突最终指向政府，说明在这个同盟中，政府还是占据主导地位。但也应看到，地方政府长期受制于财收和晋升的压力①，在被动与主动之间选择了污染保护者的角色。更值得注意的是，冲突中的受害一方如此准确地认定了这种政府角色，政府似乎也习惯于这种身份而并未躲避这种认定。这一方面表明地方政府的确与涉事企业是有关联的，另一方面说明政府心甘情愿为此承担责任。那么，地方政府为什么不推卸责任给企业，而宁愿成为冲突指向的对象？一个合理的解释就是，它获得了好处，这个好处也就是在政府岁入和个人晋升上的帮助。个人晋升与政府官员个体相关，但政府岁入却是与地方公利相关，为什么受害公众也并不在意。原因就是，这个政府岁入的用途并未向公众全面具体公开过，也更没有使冲突中的集体行动者相信这个岁入会让他们受益。所以，种种情况显示，地方政府是引发环境群体性冲突的主要当事者，地方政府是涉事企业背后的支持者，集体抗争者也清楚地认识到这一点，这样看来，看似错位的冲突指向，实则没有错位。但在这个过程中，地方政府的公信力早已被腐蚀殆尽，而在这种局面之下，公众却仍旧前去让地方政府做个公断。也就是说，明知政府会偏袒一方，却仍旧希望它做出不利于那一方的决策。这种行动是否就出现某些扭曲迹象了？

---

① 田艳芳. 财政分权、政治晋升与环境冲突——基于省级空间面板数据的实证检验 [J]. 华中科技大学学报（社会科学版），2015（4）：86-95.

　　而一些学者的研究进一步表明：抗争事件及其处理过程中，普通民众中往往存在着对高层政府信任度较高，而对基层政府信任度较低的"差序政府信任"特点。① 也就是说，冲突中的民众一方更相信中央政府，而不那么相信地方政府。而且，还有一点必须指出，中国的环境抗争，不同于西方的环境抗争，去政治化的特点明显，集体抗争者从一开始都谋求抗争的合法性，而绝不使抗争行为成为对抗体制的乱民行动。抗争者更愿意成为中央政府的同盟者和合作伙伴，而不是站在对立面；他们会主动回避可能涉及的与事件本身无关的敏感问题。② 这些集体行动的受害者对中央政府和国家始终抱有很大的信任感，会明确地以中央政府和国家的某些政策话语为行动依据，以便获得更有利的政治资源，这又何尝不是政治化。他们希望利用中央政府的权威资源来对抗地方政府的乱作为和不作为，他们小心翼翼地走在体制行动的边缘地带，却不想触碰任何有可能使事件本身的解决受到影响的政治话题。所以，我们看到，中国环境群体性冲突并不触及或指向体制和制度层面，甚至与国家整体政策主旨都保持一致，他们会以官方的话语来反对官方的行为。因此，中国集体环境抗争行为基本不会有体制外与体制内的区别，而是仍处于体制内的范畴之中，只不过会有暴力和非暴力的区分。抗争者似乎已经有了共识，只要符合"中央精神和政治正确"就可能对地方政府带来巨大的压力。

　　这样，这种扭曲的冲突指向就清晰可见了。冲突一次次指向失信的地方

① 　沈毅，刘俊雅."韧武器抗争"与"差序政府信任"的解构——以 H 村机场噪音环境抗争为个案 [J]. 南京农业大学学报（社会科学版），2017（3）：9-20. 但作者后面的观点为："但当抗争对象涉及诸如大中型国有企事业等体制内单位时，高层政府往往对其有着更为直接的产权归属或责任连带，其结果是问题诉求一旦得不到有效解决，常常使民众特别是底层民众陷入针对体制内单位及较高层级政府或部门的长期性'韧武器抗争'之中，最终不仅导致相关民众原有高强低弱的'差序政府信任'格局的解体，而且可能会引发其对于整体系统的'体制性信任'的缺失，即对大中型国有企事业、各级政府、专家系统等体制内单位的整体不信任。"我对作者的后面观点并不赞同，中国民众对中央政府的信任比想象中的要牢固，他们更可能只聚焦于地方政府与企业之间的关系，而选择性忽视中央政府在其中的角色，这种忽视是具有普遍性的。

② 　谢彭文，徐祖迎."中国式"邻避冲突及其治理 [J]. 未来与发展，2014（8）：15-20.

政府，却不指向背后的体制问题，政府的管理本质并没有相应地改变，每一次冲突都只满足于解决单一事件，从不愿意指向深层的社会政治结构痼疾，污染和风险还会一再发生。发生了全国性的多次环境群体性冲突，这种冲突还会只是个案和个别地方出现的问题吗？集体抗争中的公众并非都没有意识到这个道理。经济政治制度没有深入改革，环境抗争还是重复昨天的故事。①但他们选择了扭曲的冲突指向：一方面，努力地"政治化"，即努力地与主流政策话语保持一致，企图引起中央政府关注，以此向地方政府施压，冲突指向地方政府行为；另一方面，却努力地"去政治化"，回避与体制和制度相关的敏感话题，避免冲突指向合法性问题，而仅仅指向管理行为。抗争者不相信地方政府官员会站在自己一边，但他们相信地方政府官员会担心自己的"乌纱帽"，要对中央负责。所以，这种冲突指向，既是一种扭曲的选择，也是一种精明的算计。

第四节　环境乌合之众？

环境群体性冲突的频繁出现，是众多社会问题积累交错、杂糅对冲的反应，环境污染或环境风险只是提供了一个意想不到的突破口或冲突机会。这些原本不是一个群体的成员，由于突然遭遇到的环境污染伤害或环境风险威胁，而走到一起，形成一个临时性的环境抗争群体。他们类似于西方社会冲突理论中提及的具有潜在利益的准群体，即，一群拥有共同利益，但并未对此充分认识的人。② 一个触发事件会警醒或唤醒这些准群体成员。③ 但中国的环境抗争群体在迫使政府注意到他们的不满之后，差不多也就到此为止了，并未如西方社会冲突中的群体那样继续下一个阶段的发展，没有在一个

① 陈占江，包智明. 制度变迁、利益分化与农民环境抗争——以湖南省 X 市 Z 地区为个案 [J]. 中央民族大学学报（哲学社会科学版），2013（4）：50-61.
② DAHRENDORF R. Class and conflict in industrial society [M]. Stanford, CA: Stanford University Press, 1959.
③ AZAR E. E. The management of protracted social conflict: theory and cases [M]. Hampshire, England: Dartmouth, 1990.

长期的时间段，形成作为洋葱核心的变革群体领袖，也没有形成紧邻洋葱核心的外一层该领袖最密切的组织，最外层也没有形成积极支持该组织、输送新成员、提供金钱和政治庇护的外围群体。① 在中国，也会出现被唤醒的外围群体，但他们会成为围观者。② 在厦门 PX 事件如此典型的环境群体性事件中，整个厦门市民成为被唤醒的外围群体，但所谓的领袖仍旧不那么明确，更准确地说，应该是一些对 PX 项目建设持反对态度的专家，而环境组织等社会组织更是谨小慎微地划定着自己的立场，不想直接涉入整个事件。在大连 PX 事件中也出现了类似现象。在中国的环境群体性事件中，环境组织也无法起到组织和领导作用，能做到启发民智和沟通缓冲③已经很不错了。

研究者还反复提及在环境群体性冲突中的弱组织性特点。这类群体短时间形成，群体成员之间并不了解，即使在一个居住区或一个社区，之前也并不熟识，由于环境事件而走到一起，是一个非常偶然的情况，而他们一开始就没有抱有长期环境抗争的打算。正如上文指出的，他们觉察到了体制的问题，知道管理中的缺陷，却选择视而不见，只管就事论事。单个事件一经解决，就万事大吉，群体也立即解散而灰飞烟灭。④ 而环境抗争群体又时有暴力行为出现，因此成为争论焦点。群体的无意识，不善推理，急于采取行动，没有主见等⑤，皆成为被人诟病之处。当然，中国的环境抗争群体显然

① 狄恩·普鲁特，金盛熙. 社会冲突——升级、僵局及解决 [M]. 王凡妹，译. 北京：人民邮电出版社，2014：40.

② 但不排除这些围观者会在互联网空间有所表现，比如，发表一些支持或反对的言论。之所以还会出现反对言论，就是因为这些人可能支持环保，但却不支持这种群体性的方式，而在互联网空间的评论可能会超出所能想象的讨论范畴，其中所涉及的议题会无限延展，也极易受到外来因素的干扰与影响。此外，当在现实中出现极低风险的围观方式时，他们也会参与进来，如"集体散步"。

③ 张乐，童星. "邻避"冲突中的社会学习——基于 7 个 PX 项目的案例比较 [J]. 学术界，2016（8）：38-54.

④ 何艳玲. "中国式"邻避冲突：基于事件的分析 [J]. 开放时代，2009（6）：102-114.

⑤ 古斯塔夫·勒庞. 乌合之众：大众心理研究 [M]. 冯克利，译. 桂林：广西师范大学出版社，2015：46、53、56. 需要特别指出，勒庞所说的群体，显然与这里的环境抗争群体不是一回事，但他对群体特点和心理的洞见，的确让我们看到了不同的群体可能具有的某些共同之处，但中国的环境抗争群体的确太特别了，很多讨论仍待商榷。

不同于社会政治运动中的那些群体，正如之前所述，他们没有那么普遍性的价值追求、崇高的变革信念和长期的奋斗目标，他们是那么偶然地聚到一起，如果不是因为他们有个眼前的明确目标，甚至能否被称为一个群体都存在疑问①。但环境抗争群体的确在一定程度上表现出盲从、直接行动、情绪宣泄、潜在暴力性的迹象。

中国的环境群体性冲突或事件不能算作环境运动，只能是准运动，而中国的环境抗争群体，也只能算作是准群体。准确地说，中国的环境抗争群体就是这样一个特殊的群体，他们游走于个体和群体之间。他们存在一些群体心理和行为的特点，但也不受这样条件的限制。环境群体性冲突呈现出的单一事件性、去政治化、弱组织化等特点正是环境抗争群体有意为之而带来的表现。这些有意为之而出现的特征也是中国环境抗争群体社会性学习的结果。他们使冲突事件化，是为了实现短期抗争目标；使冲突去政治化，是为了规避政治风险；使冲突弱组织化，客观上保护了群体成员②。在农村的熟人社会中，通过亲属朋友关系"吵着哄着"闹开来、"想到就做了"的去组织化的抵抗并未掺杂完备的计划和思路，客观上起到了保护参与村民的效果。③ 而在环境群体性冲突中扮演着越来越重要的互联网技术，使没有明确组织者和领导者的集体行动成为可能，集体散步便是靠此方式得以成行。互联网无疑是一把双刃剑，一方面有利于真相的传播，另一方面也有利于谣言的传播，但在中国，无论怎样，它似乎都是有利于集体环境抗争行动得以形成的。有人以谣言传播导致环境群体性冲突的发生来谴责群体行动的非理性，但如果在屏蔽谣言和开展行动中做出衡量，"宁可信其有，不可信其无"则是一个理性选择，更何况谣言得以传播的主要责任者并不是抗争群体。在

---

① 古斯塔夫·勒庞. 乌合之众：大众心理研究 [M]. 冯克利，译. 桂林：广西师范大学出版社，2015：62.

② 当然，弱组织化也是中国社会政治环境下的自然产物，因为公民社会发展不力，社会组织又缺少独立性，依附于与政府的友好关系，所以，环境群体性冲突或事件多表现出自组织性。即使有组织者，也并未如社会运动的组织者，有十分周密的行动计划，只不过起到临时动员的作用。

③ 李晨璐，赵旭东. 群体性事件中的原始抵抗——以浙东海村环境抗争事件为例 [J]. 社会，2012（5）：179-193.

高度原子化的中国社会中，人们能够参与环境抗争行动，并非是盲从的行为，一方面是与个体利益攸关，另一方面是更多的人看到参与者数量在推动冲突实现目标中发挥着至关重要的作用，而法不责众使风险率骤降，同时，或者借此可以发泄包含了其他来源的不满情绪，或者可以满足参与规模性集体行动的好奇心理和围观心理，这样经过利益考量，不参与的搭便车行为转变为参与的搭便车行为。

环境抗争群体也有着不断进行学习的良好能力，这种群体行动方式，就是经验学习和总结后的结果。如由 PX 项目建设引发的诸多群体性事件中，学习前者行动模式与经验的迹象非常明显，从厦门、大连、宁波、昆明、茂名等地的抗争来看，前者集体行动的成功无疑给了后者莫大的学习激励和鼓舞。在群体抗争中也出现了暴力现象，这其中具有情绪失控和现场偶发的因素，但不能不说，在有效对政府施压和引起中央政府关注的层面来说，暴力场面更易达成目标，因此，也就不难理解一些极具表现力的群体抗争行动了。行动是否理性，是不能单纯以其是否暴力来加以衡量的。

总之，中国环境群体性冲突的弱组织性、事件性、去政治化等表现，恰恰是环境抗争群体在不断地社会学习中所获得的成功经验和总结。在原子化社会的整体背景之下，抗争者更清楚如何借助群体力量来保护自己，也更善于在群体和个体利益上做好计算。而民众之所以能够发起集体环境抗争的行动，不得不说处于社会转型期的中国，政府对居民的控制能力减弱了，中国政治体制更为开放。① 但这种开放性是从中国历史发展的纵向维度来比较的，频发的环境群体性冲突应引出更多的思考。而无论政府是否愿意，互联网时代所带来的信息流动性成几何倍数增加，客观上催生了逐步开放的社会格局，环境抗争群体显然看到了这种机会结构，并借助于和受益于互联网等信息化手段，发起集体行动。他们绝非乌合之众。

---

① 管在高．邻避型群体性事件产生的原因及预防对策［J］．管理学刊，2010（6）：58-62.

第四篇

04

| 治　理 |

第九章

理念与架构

环境群体性冲突的发生逻辑呈现出一幅环境风险社会化的现代图景，其中既带有环境问题的特性，又带有中国社会政治背景的特点。一旦爆发，就会表现出或明或暗的社会政治关联性。如果不能进行及时有效的应对和处理，就会逐渐地、顽强地转化为危机状态，进而产生社会政治风险。一系列的连锁反应最终导致的结果有可能是环境群体性冲突演化成综合性的整体危机，发生更大的冲突事件。所以，围绕环境群体性冲突的综合成因，我们从环境观念、政府生态理性、公共领域与环境正义、社会进步与稳定，以及公共沟通与政府权威几个方面寻求政府与社会治理理念的改变与创新，以利于形成合理的应对架构与机制。

第一节　理念

中国环境群体性冲突的最大特点是，虽然其根源于社会政治结构性因素，但并不指向这些方面，而只是满足于单个事件的解决，所以，从务实的角度来说，我们只需抓住小群体的利益加以安抚和妥协即可。但从国家整体的可持续战略角度来看，必须逐渐减少环境群体性冲突爆发的土壤和条件。社会冲突可以充当减压阀的作用，但频繁发生的环境群体性冲突，会成为社会、政治和经济的破坏撕裂器，使得社会发展、政治进步和经济创新，以至于环保技术与措施的应用推广，无法正常开展和顺利进行。对环境群体性冲突的应对必须注重治理理念的革新与明确，没有主旨深入的理念引导，即使有了一套工作手段，也不能从全局上把握社会政治背景下的环境群体性冲突治理的重点所在。如果没有治理理念的指引，我们就不能深刻认识环境群体性冲突的社会政治含义，不能在处置上予以社会政治等方面的综合考虑而失去对整个冲突的全局把握。治理理念并不只是针对特定事件的原则，甚至也不是针对短期环境群体性冲突的原则，而是从更长远的视角对缓和环境群体性冲突所做的深层改革探索。

一、环境观念的社会普及与自觉

在处于现代化进程中的国家，面对各种生态困境及与之相关的社会性冲突，人们已经有所反思，但在工业化和现代化的背景之下，面对强烈的物质冲击和利益刺激，占据头脑的实践观念是对环境的占有，而不是对环境的保护。经过长期历史流变而形成的人类中心主义观念仍旧挥之不去，人与自然的割裂加剧了人与人之间的孤立，人对生态环境与资源的掠夺性态度和行为加剧了人与人之间的冲突和对抗。因此，我们必须从根本上推进环境观念的社会化传播，加强和保持对"生命自然"的敏感性。不仅要实现人们对自然世界有机整体性的认识，更重要的是塑造一种亲近自然的生态人格①；摆脱简化主义的思维定式，破除完全沉溺于个体利益的主观想象，打开封闭的内在世界；培育一种生态性情，感受自然的魅力，体验人类与自然一体性的联系；实现人类与自然的内在融合，将人类与自然的和谐关系建立在自觉的意识之上，从而有利于加强人与人之间的沟通与交流，增加社会性的联系与合作。实际上，合作关系在自然世界中具有丰富的体现，生态条件被证明对合作关系的成功进化发挥了核心作用。② 通过环境观念的社会普及与自觉，对生态环境的伤害将得到缓和，人与人之间的孤立与冲突将得到缓解，从而在社会观念层面降低了环境群体性冲突的可能性。

---

① 赵闯，等. 生态政治背景下的整体主义价值观念探析［J］. 云南行政学院学报，2011（6）：18-20.
② GARDNER A., FOSTER K. R. The evolution and ecology of cooperation-history and concepts［C］// KORB J., HEINZE J. Ecology of social evolution［M］. Berlin and Heidelberg：Springer-Verlag，2008：2.

二、政府生态理性的培育与结构功能调整

生态理性是一种价值理性，以自然固有的内在价值为信念，强调人与自然环境的交流与沟通，将包括人类在内的整个自然世界的和谐共生作为终极关怀的思维模式。生态理性作为一种相对于工具理性的理性模式，可以避免政治思维中工具性和支配性的人类中心主义，使获得解放的自然有机会进入政治领域的讨论。① 政府生态理性的形成虽然不能一蹴而就，但在寻求实现的过程中却能推动政府管理观念的变化与革新，推动政府部门结构功能的调整和改进。这种调整和改进首先表现在：改变中央政府和地方政府环境机构软弱无力的状况。在中央层面，要实现环境部门与其他部门的有效整合，授予环境部门根据生态环境极其相关问题协调各部功能性责任的职能和权力，打破和刺穿中央政府各部在环境问题上的政策壁垒。在地方层面，建立中央环境部门对地方环境机关的垂直管理系统，使地方环境机关不再受制于不应有的行政干扰②，结束"无效机构"的局面，并提升环境指标在地方政府业绩考核体系中的比重，主要参考对民众环境满意度的调查结果（主要由生态环境局负责）来评价地方政府的环境作为。通过环境机构的改革，带动其他机构的适应性调整，使民众的环境意见和意愿能够顺利完成输入、转换和输出的政策制定过程，消除地方政府与民争利的行为③，加强政府管理中的环境服务等各种服务性功能，提高政府的环境调节能力。事实上，环境群体性冲突事件是否发生更多取决于政府调节能力的强弱，而不是环境压力的大小。

三、公共领域的发展与环境正义的实现

在环境群体性冲突事件上，仅仅依靠政府的调节和管理并不足够，还需

---

① 赵闯. 环境与政治的现实联姻［J］. 大连海事大学学报（社会科学版），2009（1）：89-91.

② ECONOMY E. Environmental enforcement in China［C］// Day K. A. China's environment and the challenge of sustainable development. New York：M. E. Sharpe，2005：102-120.

③ 中国行政管理学会课题组. 中国群体性突发事件成因及对策［C］. 北京：国家行政学院出版社，2009：44.

要发达的社会调节能力，这就关涉到公共领域的建设和发展。这个公共领域的发展侧重于社会的自组织性和自我管理，但国家和社会又都参与其中。它所体现的是国家与社会的联合作用，而不是国家与社会的二元分立。这个公共地带将成为更具协商性而不是命令性的新型权力关系的发源地。① 在其中，注重与政府公共活动相联系的社会组织建设和社会力量的发展，如独立的环境非政府组织的建立。政府组织与非政府组织的协同应对是危机管理的发展趋势。② 社会组织的壮大将会更好地对政府活动形成辅助和监督作用，推动政府承担起促进社会公平正义的责任，减少弱势群体的被剥夺感。人们越是感受到公正的可能性，就越会倾向于合作的意愿，导向成功的协商也就越有机会达成。在环境事务上，环境非政府组织的增加会对环境基础设施的建设和公民环境权利的维护发挥积极的作用，使人们增强抵御环境破坏的能力，使作为环境受害者的弱势群体受到常规性的力量支持和帮助，通过制度化参与的途径实现环境正义，从而降低了受害者群体走向低组织化或无组织化的集体行动的可能性。对环境受害者群体来说，关键问题不在于环境破坏的绝对强度，而在于它相对于人们抵御能力的相对强度。公共领域的发展和环境正义的实现将使环境群体性冲突处于可控范围之内。

四、在社会进步中寻求社会稳定

冲突有时被一些社会学家当作一种社会病态和越轨行为，是需要得到治疗的社会疾病。③ 但是，冲突引人注意的地方并非仅在于此。冲突并不仅仅代表一种消极现象，它也具有直接的积极作用，社会性冲突为我们提供了认识和分析社会变迁与进步的主要论据。④ 也许以更广阔的视角来看，环境群体性冲突只不过是最终改革成果的一个小小的催化因素。所以，是支持社会制度的进步与改革，还是支持一成不变的社会结构，决定了对待冲突现象的

① 黄宗智. 中国的"公共领域"与"市民社会"？[C] // 邓正来，等. 国家与市民社会. 北京：中央编译出版社，1998：442.

② 菅强. 中国突发事件报告 [R]. 北京：中国时代经济出版社，2009：33.

③ PARSONS T. Essays in sociological theory pure and applied [M]. Glencoe, lllinois: The Free Press, 1949: 275-310.

④ L·科塞. 社会冲突的功能 [M]. 孙立平，等译. 北京：华夏出版社，1989：2.

看法和观点。对处于转型时期的国家来说，社会稳定是一个至关重要的发展基础，是良好发展环境的保证。但是，社会稳定并不是指没有社会性的冲突，而在于国家将社会冲突体制化的能力不断得到提高，从而消除发生大规模的、有强烈破坏性的动乱或革命性运动的可能性。① 以此为视角，环境群体性冲突为环境不满情绪的集体释放提供了一个发泄渠道，充当了"社会安全阀"，避免了对社会生活其他方面直接的毁灭性影响和冲击，提醒我们必须重视环境不满情绪的压抑状况及其背后潜在的社会政治因素。因此，在群体性冲突的处理过程中要慎用警力，不能简单采取暴力压制的方式。② 我们应以积极的态度来看待环境群体性冲突，采取冷静、理性和灵活的处理方式，减少其带来的负面影响，提升政府和社会管理体制的适应性能力，不断提高经济贸易开放水平，发展民主政治，推进社会的进步与创新，改善爆发冲突的体制环境，在社会进步中寻求社会稳定。

五、沟通水平的提升与政府公信力的强化

在信息高速流动和传播的社会空间中，一部分环境冲突受到谣言因素的额外干扰而带来具有危害性的群化效果。如何消除谣言传播，是政府应该直面的管理问题，也是政府的责任。在环境冲突事件中，及时、公开、透明地澄清事实真相是对政府的基本要求，与此同时，政府应主动与各种传播媒介建立实时的沟通渠道，保证传播媒介可以顺畅地在第一时间从政府获得事件的相关信息。在这种情况下，政府也可以及时获取相关的社会信息，做好信息的分析和互通工作。但是，最有效的沟通与互动还是传统的面对面交流。因为面对面的现场交流是最基本的沟通方法，也是改变和强化意见观点的最有效的途径。③ 通过直接的对话，回答提问，消除模糊性，最大程度地破除谣言或谎言，获得大众的支持。而且，在发展中国家，政府必须弥补公共服

---

① 赵鼎新. 西方社会运动与革命理论发展之述评 [J]. 社会学研究，2005 (1)：168-209.

② 菅强. 中国突发事件报告 [R]. 北京：中国时代经济出版社，2009：204.

③ 米切尔·罗斯金，等. 政治科学 [M]. 6 版. 林震，等译. 北京：华夏出版社，2000：174.

务长期缺失的状况，建立起环境危害的提前预防、立即知晓、降低损害、及时补偿和救助的管理系统，使人们可以对政府行为产生合理预期，从而强化政府公信力。事实上，提升的沟通水平与强化的政府信用是精确并行、不能偏废的。经常性的顺利沟通是政府与社会、政府与公民建立互信的必要机制之一，而政府的公信力又是成功实现交流与沟通目标的保证。沟通水平的提升和政府公信力的强化所形成的合力将有效阻止或中止谣言在环境冲突中的危害效果。

第二节　架构

对于现代国家与社会，特别是处于社会转型中的中国社会，绝不能低估环境衰退及其引发的对立背后所隐藏的社会政治因素与风险，缺少了治理原则层面的有效调整与革新，将严重影响社会进步和政治发展的进程，甚至带来难以估量的损失。而建立一个更具弹性的政府与社会治理架构，实现从治理观念到治理行为的系统更新，使冲突、进步、稳定处于良性促进状态，这才是转型社会稳步前行的根本保证。

原有的机制分析，如工作机制、激励机制、动力机制和监督机制，并不能应对环境群体性冲突的特殊性，而关于环境群体性冲突治理千篇一律的机制讨论，也无法更好满足实际的应用需要。我们来讨论应对架构，主要着重于预防和处置。也就是说，要重点分析：在日常的治理工作中，如何减少这种冲突发生的可能性；在冲突发生后，如何使这种冲突得以缓解，尽力降低它的负面效应。实际上，预防绝不仅仅是一个方面或几个方面的内容，这是一个涉及各个领域的综合性预防，为此我们给出了一个地方政府预防环境群体性冲突的指标体系框架（见表1），以此做定期的信息统计来达到有效预防的目的。

表 1 环境群体性冲突预防指标体系①

一级指标	二级指标	三级指标
A 项目背景	A_1 经济影响	A_{11} 补偿 A_{12} 房价 A_{13} 税收 A_{14} 就业
	A_2 环境影响	A_{21} 废水 A_{22} 废气 A_{23} 固废 A_{24} 噪声 A_{25} 辐射
	A_3 安全风险	A_{31} 毒性 A_{32} 致癌性 A_{33} 事故
B 社会背景	B_1 社会保障	B_{11} 人均绿地面积 B_{12} 人均医疗保险 B_{13} 人均养老保险 B_{14} 水供给能力 B_{15} 垃圾处理率 B_{16} 环境补助能力 B_{17} 环境法律救助 B_{18} 环境公益项目
	B_2 文化习俗	B_{21} 图腾 B_{22} 民间故事 B_{23} 乡规民约 B_{24} 节日与祭拜

① 付军，陈瑶．PX 项目环境群体性事件成因分析及对策研究［J］.环境保护，2015（16）：61-64；余光辉，等．我国环境群体性事件预警指标体系及预警模型研究［J］.情报杂志，2013（7）：13-18.

续表

一级指标	二级指标	三级指标
B 社会背景	B_3 环境非政府组织	B_{31} 类型 B_{32} 数量 B_{33} 活动 B_{34} 规模 B_{35} 资金
	B_4 环境质量	B_{41} 年废水排放量 B_{42} 年废气排放量 B_{43} 年固废排放量 B_{44} 年因环境问题伤亡人数 B_{45} 年因环境问题财产损失
C 经济背景	C_1 经济水平	C_{11} 绿色 GDP 占传统 GDP 的比重 C_{12} 环境支出占 GDP 收入比重 C_{13} 人均生产总值 C_{14} 人均生产总值增长率 C_{15} 居民消费指数
	C_2 人口与收入	C_{21} 人口数量 C_{22} 人口增长率 C_{23} 人均可支配收入
D 政策与政治背景	D_1 环境政策	D_{11} 文件数量 D_{12} 文件类别 D_{13} 法律法规条例
	D_2 环境信息公开	D_{21} 主体 D_{22} 内容 D_{23} 方式
	D_3 环境参与	D_{31} 次数 D_{32} 途径 D_{33} 效果

一级指标	二级指标	三级指标
D 政策与政治背景	D_4 政府能力	D_{41} 环境监测 D_{42} 环境人才配备 D_{43} 每万人警力配备人数比率 D_{44} 环境案件立案率 D_{45} 环境事故发生率 D_{46} 环境上访（含信访）率
	D_5 民众意愿	D_{51} 对企业满意度 D_{52} 对干群关系满意度 D_{53} 对环境质量满意度 D_{54} 对未来环境信心值 D_{55} 环境污染容忍程度 D_{56} 环境不公容忍程度 D_{57} 环境执法不当容忍程度 D_{58} 企业环境违法行为容忍程度

　　有了一个在地方政府层面对环境群体性冲突进行全方位预防的指标体系，可以更有效地应对环境群体性冲突，但这并不是环境群体性冲突治理的全部，要从社会政治层面更好地形成一套治理架构（见图20）。在这个治理架构中为预防和处置环境群体性冲突，地方政府要以生态环境部门①为牵头部门，统筹协调自然资源部门、应急管理部门、发改委、城建部门、公安部门等相关部门，建立起当地政府内部的机构协作架构。同时，在环境群体性冲突的治理中，更加需要社会力量的参与，比如社区、环保组织、媒体（包括传统媒体和新媒体）和民众，也更需要企业的加入。我们习惯性地将企业排除在治理主体的范畴之外，对企业的这个定位不准确，也不能充分发挥企业在环境污染治理方面的积极作用，所以，企业的定位应该既是治理对象，

---

　　① 从中央到地方的环境保护部门应该形成一个垂直管理体系，也就是由生态环境部直接管理下面的生态环境厅、生态环境局，而不是像现在这样由地方政府来管理，我国政府已经开始从事这方面的转变和改革。但即使这样，在处理环境群体性冲突中，仍旧需要生态环境部统筹协调，需要自然资源部等其他部门的配合和支持。

又是治理主体。因此，在社会力量的内部构成架构中，社区、环保组织、媒体和民众都要对企业行为进行监督，而且企业也需要对社区和环保组织进行的治理行为提供技术和资金扶助。而当地政府作为一个整体应该对社会力量提供必要的政策指导、参与引导和资金、技术支持，也对企业实施监管职责。社会力量则对当地政府进行政策的影响、舆论反馈和监督，环保组织也同时可以对当地政府的治理提供智力支持。当地政府一方面通过与社会力量的良性互动，以社会力量来寻求对环境群体性冲突的治理，另一方面，通过当地政府的整合性架构来增强环境群体性冲突的治理能力。两方面的治理相叠加，形成一个协同治理的合力，从而至少达成下面三个目标当中的一个，即缓和环境冲突的程度，终止环境冲突向集体行动的转化，降低环境群体性冲突带来的负面影响。

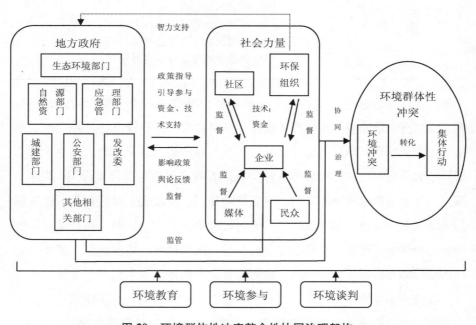

图 20　环境群体性冲突整合性协同治理架构

为了使这个合力和目标成为现实，就需要实现环境教育的制度化，环境参与的精细化和环境谈判的常态化，将冲突的社会政治性、原则的逻辑性和架构的整体性合并融合在一起，以三位一体的关键支撑发挥出政府和社会的整合性协同治理架构的作用。对治理架构形成关键支持的三大部分就是针对前文的理论分析框架所设计的，也是治理架构的综合呈现。环境教育、环境参与、环境谈判与对环境群体性冲突的逻辑分析和案例内容也彼此相连。

在前人关于应对环境群体性冲突的对策建议中，几乎没有涉及环境教育的讨论，但环境教育显然不应该在这里被遗忘，它的重要性远远被低估了，它对环境群体性冲突治理的长期影响被不合理地忽视了。目前，这些环境知识的获取，无论是来源于之前的学校教育，还是来源于之后的互联网查找，都缺少体系化和完整性。例如，民众可以知道"核"或"核废料"是什么，但对核电站或核循环项目可能产生的环境保护作用却无法产生有效的认知，因为之前的教育是不完善的，后来的关注也是有选择性的信息获取。而且，还有许多人既没有在学校获得任何有关环保的知识普及，也不擅长使用互联网来获取环保信息，对环境知识知之甚少。长期以来，治理环境群体性冲突，只看重应急性的举措，但几乎从未与环境教育相联系，长此以往，还是治标不治本。我们需要对各个年龄阶段、各行各业的人进行环境教育，特别要在幼儿教育、中小学教育、大学教育、社会教育中全面开展环境教育。不仅对学生，对社会人士，也要对公务人员进行环境教育。环境教育的发展关系到环保理念的普及和传播，也关系到生态理性的培育。不对中国的环境教育进行细致讨论，就不能从根本上实现对环境群体性冲突的有效治理。

在有关环境群体性冲突治理的策略架构中，环境参与得到高频率的提及与讨论，所以，这是一个必须要予以剖析的治理内容。在环境群体性冲突中，公众普遍表达出对当地政府处理时机、处理行为和处理能力的不满，当地政府公信力受到质疑，听证会、座谈会被认为是一种流于形式的参与，不能起到很好的作用。因此，在治理内容中对环境参与的讨论，不能是泛泛之谈，而是要针对环境决策中的公众参与来进行论述。而这部分讨论会涉及公众参与环境决策的合理性、环境决策的质量、合法性和能力，以及成功组织公众参与环境决策需要遵循的管理手段和技巧等。虽然环境群体性冲突在某种程度上也是环境参与的一种形式，但这种形式的破坏性大、代价高，如果能够在环境决策阶段形成有效的公众参与，就会极大地降低环境群体性冲突发生的可能性。缓解环境群体性冲突的最佳办法是预防，公众有效参与环境决策过程会更容易达成这个目标。

相对于座谈会和听证会，对中国公众和当地政府来说，以谈判的方式来解决环境冲突、环境群体性冲突，还是一件陌生的事情。环境谈判和环境参与有着密切的关系，甚至有所交叉，但与环境谈判相对的是环境诉讼。环境谈判是一种强调协商、博弈、公平的特别方式，也为预防和处置环境冲突和环境群体性冲突提供了一种重要方式。环境谈判与环境诉讼二者各有利弊，需要互为补充。在解决环境冲突、环境群体性冲突的过程中，环境谈判未必都带有时间和成本优势，但环境谈判的真正长处在于它更有潜力促成那些为相关利益人更易接受并付诸实施的决定。当地政府应具有更强的环境谈判能力，扫除环境谈判的障碍，应变得适应并习惯于公开的环境谈判活动。由此，当地政府才能更好化解扭曲的冲突指向，对民众、企业和政府在环境群体性冲突中的角色进行合理定位，在面对面的谈判中了解对方的价值观念、利益所在和目标要求。环境谈判会在预防和处置环境群体性冲突中都发挥重要的作用。

在论述中，我们将环境教育、环境参与、环境谈判作为既相互联系，又各自独立的主题来进行全面论述，不只是简单指出如何去做，而是也澄清了前后逻辑关联。比如，环境教育主要是对环境理念的普及和传播，以及生态理性的培育等进行具体回应；环境参与主要是对结构调整、社会进步、谣言传播与政府公信力等进行的回应；环境谈判则主要是对环境公益与自利、扭曲的冲突指向、环境乌合之众等进行的回应。环境教育、环境参与、环境谈判是在实践层面对治理原则的具体体现，也是治理架构一种综合性呈现，三者是一体性、整合性的，不能只看重其一，才能发挥合体效果。如果没有完善的环境教育，就不会有理性的环境参与，而没有理性的环境参与，就不会有公平的环境谈判。而没有真正的环境参与和环境谈判，就没有对环境教育的重视。环境教育、环境参与和环境谈判既相互融合，又相互独立，是对环境群体性冲突的社会政治因素的综合性总体应对。

第十章

环境教育

　　人类自诞生起便与其赖以生存的自然环境之间发生着相互影响、相互作用的关系。环境为人类发展提供基础，而人类活动也深刻影响着自然环境的变化。随着人口数量的增长、生产力的提升以及欲望的不断增强，尤其是 18 世纪下半叶以蒸汽机的发明为标志的第一次工业革命后，人类对于环境的影响与日俱增，人类文明与自然环境间微妙的和谐关系被打破，随之而来的便是环境冲突问题的凸显。现今，环境群体性冲突受到中国社会的普遍关注，对环境群体性冲突进行有效治理首先需要展开对发展方式和教育活动的思考，从思想观念层面着眼于长远的冲突化解之道。

第一节　观念的转变

一、发展观念：由增长到可持续

　　发展是人类追求的永恒目标。发展观念的变化就是对于人口、资源以及发展三者之间关系认识的变化。自第一次工业革命以来，人类社会发展大致经历了单纯以经济增长为目标、由单纯经济发展向可持续发展过渡、可持续发展观念形成三个发展阶段。①

---

　　① 范恩源，马东元．环境教育与可持续发展［M］．北京：北京理工大学出版社，2004：105-106．

从工业化初期直至 20 世纪中叶，人类共同的发展目标始终是追求国民生产总值的增长。由于工业国家以掠夺为手段，率先完成了资本的积累，并通过技术革新使他们的经济走在了世界前列，他们奉行的以"工业文明观"为代表的传统经济增长理论似乎获得了巨大的成功。生产力水平的不断提高使人类欲望不断增强，无限制地索取自然资源导致了环境污染、环境破坏等一系列问题。这种以"经济利益最大化"为目标的发展观念，打破了人与自然间的和谐关系，激化了人与自然之间的冲突。至 20 世纪 60、70 年代，严重的经济危机、资源危机、环境问题和接连发生的种族冲突与日益尖锐的南北矛盾，迫使工业发达国家认真检讨和总结传统经济发展模式的弊端。人们认识到单纯追求经济发展和注重国民生产总值的提高并不再适用于这一时期的发展。1972 年在斯德哥尔摩召开的人类环境会议发表了《人类环境宣言》，标志着可持续发展思想的初步形成。① 这意味着人类在发展过程中将目光转向环境，开始意识到发展并不单纯指经济发展，更应考虑环境因素。

1980 年出版的《世界自然保护纲要》（World Conservation Strategy）最早应用了可持续发展的构想②，在其中，可持续发展概念被解释为一种在当代对现有资源的开发与利用策略，这个策略的限制条件就是：不能对后代人满足其需要的能力构成危害。虽然保护与发展之间的相互需要关系是这个策略内容的实质，但它仍被指责在开始时具有反发展的意味，过于强调保持自然的现状，而对经济发展关注过少。随后，联合国环境与发展委员会 1987 年发表了题为《我们共同的未来》的长篇报告，报告将可持续发展定义为：既满足当代人的需要，又不对后代人满足其需要的能力构成危害的发展。③ 1992年，在里约热内卢举行的"联合国环境与发展大会"，又发布了《21 世纪议程》，这是各国为在 21 世纪实现可持续发展而共同达成的行动纲领。虽然，迄今为止，可持续发展的定义在一些方面仍旧存在模糊性④，人们对可持续

---

① 李强. 可持续发展概念的演变及其内涵 [J]. 生态经济，2011（7）：87-90.
② IUCN. World conservation strategy [R]. Gland, Switzerland：IUCN, 1980.
③ 世界发展与环境委员会. 我们共同的未来 [M]. 王之佳，等译. 长春：吉林人民出版社，1997：52.
④ 冯凌，成升魁. 可持续发展的历史争论与研究展望 [J]. 中国人口·资源与环境，2008（2）：208-214.

发展的看法也并不是没有争论，但可持续发展的总体意旨是清楚的。

经过各国共同努力，可持续发展观念在世界范围内达成了共识，成为国家综合国力提高及国际地位提升的一个重要指标，它是一种从环境和自然资源角度提出的关于人类长期发展的战略模式，从理论上改变了单纯以经济增长为中心的发展观念，对人们正确认识人与自然的关系，处理人口、资源、发展的关系，以及促进自然资源合理开发利用有着深刻意义，是人类发展观念的重大变革。而环境教育作为一种处于发展中的教育活动、社会实践活动或课程设置，与可持续发展目标的实现有着密切关联。

二、教育观念：环境教育的含义及其革新

在环境教育的发展过程中，一系列国际会议起到了至关重要的作用，通过这些会议，逐步明确了环境教育的内涵，为环境教育的发展指明了方向。"环境教育"一词最早出现于 1948 年在巴黎召开的一次会议中①。随后，1957 年"环境教育"首次作为专有名词出现在美国学者布伦南（Brennen）的文章中②。在此后很长一段时间内，"环境教育"一直被看作"保护教育"，并且这一阶段教育方式以人民自主宣传、呼吁环境保护为主，人们对于环境教育的定义和本质还没有确切的认识。所以，这一阶段的环境教育还处于感性认知时期。

人们对环境教育的认知在不断深入，环境教育的含义也随之革新。1972年在斯德哥尔摩举办了"联合国人类环境大会"，会议通过的《联合国人类环境会议宣言》首次确立了环境教育的名称并明确了环境教育的意义，大大提高了环境教育的重要性③，这是环境教育发展史上的里程碑。1975 年发表的《贝尔格莱德宪章》指出环境教育是："进一步认识和关心经济、社会、政治的生态城乡地区的相互依赖性；为每一个人提供机会来获取保护和促进

---

① JOY P. , NEAL P. The handbook of environmental education ［M］. London：Routledge，1994：12.

② 王燕津 ."环境教育"概念演进的探寻与透析 ［J］. 比较教育研究，2003（1）：18-22.

③ JOY P. Environmental education in 21st century：theory，practice，progress and promise ［M］. London：Routledge，1998：7.

环境的知识和价值观、态度、责任感和技能。"① 定义中明确了环境教育的跨学科性质以及综合性特点，并要求增强公民的环境认识及环境责任感。1977 年在格鲁吉亚首都第比利斯举行的国际环境教育大会在全球层面达成了关于环境教育的国际共识，并将环境教育定义为："环境教育是一门属于教育范畴的跨学科课程，其目的直接指向问题的解决和当地环境实现，他涉及普及和专业的，校内和校外的所有形式的教育过程。"② 该定义指出了环境教育的对象，并规定了环境教育的范围，确定了要终身进行环境教育的目标。这一时期，环境教育逐渐由感性认识转向理论发展，其具体实施框架和体系逐步明确，为环境教育在各国的展开奠定了良好基础。

进入 20 世纪 80 年代，环境教育概念逐步完善，国际环境会议内容转向具体措施的设定及国际合作，强调环境教育的实践发展，注重环境整体性特征并开展全球范围内的环境教育活动。1992 年召开的"联合国环境与发展大会"中强调了环境教育的重要性，建议应将环境教育与国际可持续发展战略结合起来，这意味着环境教育不再局限于环境问题，而是与人类社会的发展相融合③。会议也强调科学促进可持续发展，提高环境意识，肯定了环境教育在可持续发展战略中的作用。1994 年，在联合国可持续发展委员会倡导下，联合国教科文组织提出了基于环境、人口与发展的可持续性教育计划。④ 1997 年在希腊塞萨洛尼基召开的环境与社会国际会议通过了"塞萨洛尼基宣言"，明确了"为了可持续性教育"的概念及宗旨，形成了一个总的教育发展方向，确立了可持续发展在环境教育中的地位。

环境教育与可持续发展概念的提出与深化，标志着人类在发展观念和教育理念上的重大转变，是人类迈向可持续性社会的前提。环境教育具有强大的兼容性特点，应面向可持续发展，渗透发展与保护相协调的价值观，培养

---

① 范恩源，马东元. 环境教育与可持续发展 ［M］. 北京：北京理工大学出版社，2004：8.
② 郝卫全. 对"环境教育"概念的揭示与辨析 ［J］. 陕西师范大学学报（哲学社会科学版），2004（6）：97-98.
③ 彭妮娅. 环境教育现状分析 ［J］. 环境教育，2017（4）：74-75.
④ 李久生. 环境教育论纲 ［M］. 南京：江苏教育出版社，2005：21.

人类解决环境问题的能力，增强环境保护责任感与使命感，环境教育在可持续发展战略中占有重要地位。

第二节　发展环境教育的必要性及可行性

半个世纪以来，人口的剧增、资源过度消耗与浪费导致了粮食短缺与能源紧张，而盲目追求经济增长的发展观念更加重了这一现象，并最终导致环境问题的出现①。只有进行环境教育，进一步转变人们的发展观念，提高人类环境意识，人类与环境才能和谐相处，走可持续发展之路。

一、可持续发展背景下发展环境教育的必要性

环境是人类生存的基础，人类的行为与活动也无不影响着身边的自然环境。长期以来单纯以经济增长为目标的发展模式导致了环境问题的出现，在中国早期经济发展时期，片面追求高速增长模式，严重破坏了自然环境。环境问题的解决需要人类自身的积极面对，所以，在中国进行环境教育，可以培育和树立可持续发展的价值观，进而提高人们环境行动的能力和技巧，为实施可持续发展战略主动创造必要的前提条件。

1992 年在巴西里约热内卢召开的"联合国环境与发展大会"通过的《21 世纪议程》指出：教育对于促进可持续发展和提高人们解决环境与发展问题的能力具有至关重要的作用。② 进入 21 世纪，环境问题仍旧威胁着人类的生存与发展，可持续发展是人类共同面对的主题，环境教育的发展是一种时代要求。发展环境教育，可以树立环境整体性意识，培养人们在发展过程中正确看待环境的态度。同时，也能鼓励人们积极学习环境知识，并主动寻求解决环境问题的技能。环境教育也可以使人们树立可持续发展的环境道德观与价值观，以可持续的眼光看待环境与发展问题。走可持续发展道路并不

① 范恩源，马东元．环境教育与可持续发展［M］．北京：北京理工大学出版社，2004：148.
② 李强．可持续发展概念的演变及其内涵［J］．生态经济，2011（7）：87-90.

是要求经济发展停滞，而是要树立一种全新的思想理念和发展模式。发展环境教育有利于人们意识到生态环境是人类生存与发展的基础，人类发展不能以破坏生态为代价，必须明确自身经济行为的环境影响并加以控制和管理。只有环境得到相应的保护，社会才能继续发展。因此，发展环境教育在可持续发展道路中是必要的（见图 21）。

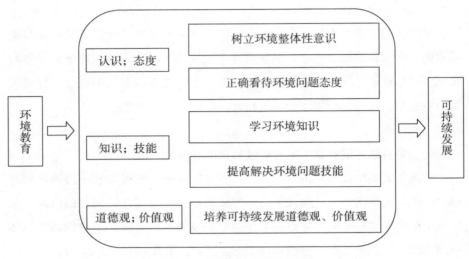

图 21　环境教育对可持续发展的必要关系

二、可持续发展背景下发展环境教育的可行性

就中国而言，环境教育事业自 1973 年开始。经过长期努力，逐步形成了多形式、多层次、多渠道的环境教育体系，实现了从"为了环境的教育""可持续发展教育"向"生态文明教育"的递进，形成了有中国特色的环境教育。① 多年以来，中国政治、经济、社会平稳发展，法律建设不断完善，环境意识和可持续发展观念不断增强，越来越具备促进环境教育发展的基础。

（一）良好的政策基础。1973 年中国召开了第一次环境教育会议，会议

---

① 田友谊，李婧玮. 中国环境教育四十年：历程、困境与对策 [J]. 江汉学术，2016（6）：85-91.

颁布了《关于保护和改善环境的若干规定》，这标志着中国环境保护和环境教育的起步，也奠定了中国环境教育概念的基本结构。① 1983 年召开的第二次全国环境保护会议将环境保护确立为一项基本国策；1996 年颁布的《全国环境宣传教育行动纲要（1996—2010）》指出："环境教育是提高全民族思想道德素质和科学文化素质（包括环境意识在内）的基本手段之一"，表明环境教育是一种面向全体公民的普及性素质教育；2003 年国家又颁布了《中小学环境教育专题教育大纲》和《中小学环境教育实施指南（试行）》两个文件，要求在义务教育的课程中融入环境知识、态度和价值观。② 这一系列政策的颁布，为中国环境教育的发展提供了较强的政策保障。

（二）雄厚的经济支持。进入 21 世纪，前十五年（2000—2015 年）中国经济保持了高速增长，GDP 年均增速达到 9.65%，占世界 GDP 总量比重由 7.43% 上升至 17.26%，提高了 9.83 个百分点。到 2016 年，中国已经提前四年实现了"GDP 到 2020 年比 2000 年翻两番"的目标。③ 强大的经济实力为环境教育基础设施建设，以及教育的长期实行打下了坚实基础。

（三）增强的环境意识。根据 1998 年《全国公众环境意识调查报告》、2001 年"联合利华杯公众环境意识调查"、《中国公众环保民生指数（2005—2007）》、《2007 年全国公众环境意识调查报告》，可以看出中国公民对于环境问题重视程度不断增强，对可持续发展的认知也有所提升，对于社会环境活动的参与度也不断提高。④ 并且，随着人民生活水平的提升，公民对于环境质量要求也随之提高，接受环境教育的主动性大大提升。

---

① 黄宇. 中国环境教育的发展与方向 [J]. 环境教育，2003（2）：8-16.
② 田友谊，李婧玮. 中国环境教育四十年：历程、困境与对策 [J]. 江汉学术，2016（6）：85-91.
③ 胡鞍钢. 中国经济发展大趋势 [J]. 人民论坛，2017（5）：16-19.
④ 闫国东，等. 中国公众环境意识的变化趋势 [J]. 中国人口·资源与环境，2010（10）：55-60.

第三节 环境教育的实践：困境与路径

环境教育是一门跨学科综合性较强的教育领域。中国环境教育事业相对欧美发达国家起步较晚，但经过近 40 年的发展，中国环境教育已取得了一些成就，形成了环境教育的体系化，而与此同时也存在一些问题。目前，中国环境教育困境主要体现在以下几个方面：

第一，对环境教育重视程度不够。其一，管理者与教育者自身重视程度不足。国家政策仅作为口号存在于学校与社会中，管理者和教育者自身不能认清环境教育本质，缺少推进环境教育实践的动力。因此，环境意识从表面知识内化为习惯的过程还有待深入，内化行动迫在眉睫[1]。其二，环境教育学科地位较弱。环境教育课程至今未被列入教学考试大纲的科目当中，在高等教育中，在非环境专业内环境教育课程尚无完整的课程体系，且仅作为选修存在于课程教学中。

第二，对环境教育投入较少。目前，中国对于环境教育的研究主要集中于高等教育群体及相关科研机构专业人员，不但人员数量少，而且，主要侧重于科学研究，投入到实践教学的人就更少。在中小学义务教育中，师资队伍专业化水平较低，并且也普遍面临专业教师人员缺乏的状况。同时，由于资金投入较少，环境教育尚未有专门的课程教材，仅出现在基础学科的一些章节中。因此，不可避免地出现了混乱无序的现象。另一方面，仅从理论上学习环境教育缺乏实践性意义，但在中国实践教育还没有普及，不能让受教育者身临其境感受环境，不利于解决环境问题能力的培养与提升。

第三，评估机制建设不完善。中国的教育评估机制建设较晚，评估体系有待优化。在环境教育评估机构设立方面更是欠缺，评估主体单一，缺少社会力量参与，未能做到及时评估，不能起到其应有作用。评估结果对于教师培训、环境教育信息资料的提供、环境教育水平的改善未能起到良好效果。

---

[1] 彭妮娅. 环境教育现状分析 [J]. 环境教育，2017（4）：74-75.

整体环境教育评估机制建设还不能为现阶段环境教育建设提供必要的保障，也不能充分适应和满足环境教育未来的发展要求。

环境教育所面临的诸多困境不但不利于环境教育的自身发展，也将对中国可持续发展目标的实现产生不利影响。因此，为有效普及可持续发展观念，尽快摆脱中国环境教育实践的困境，寻求更好的环境教育发展路径，现提出以下几点建议：

第一，建立多中心环境教育体系。

多中心环境教育体系是指，环境教育不仅应有学校教育，更要有社会教育，不仅要对学生进行环境教育，更要对教育者、管理人员进行教育。学校教育是环境教育的关键，对于中小学生进行环境教育，有利于从小树立环境意识，增强可持续发展理念。更要注重对大学生的环境教育，大学生是建设可持续社会的主力军，是未来可持续发展政策的制定者和执行者。尤其应注重对非环境专业大学生进行环境教育，在教育过程中应结合中国当前背景，把研究主题扩展到文化和社会维度①，分专业、分学科有针对性地开展可持续发展公共课程，激发学习环境知识的热情，吸引更多的人自愿投入到环境教育事业中，从而有效促进环境教育事业发展。在环境教育过程中，教师自身素质对教育目标实现具有重要作用，对于师范类学生进行环境教育有利于他们在掌握专业知识基础上，又具备环境教育基本知识，提升未来教师整体环境素质。

环境教育是面向全体公民的教育，提升全体公民环境素养是环境教育的目标之一。因此，在社会中应利用媒体结合当地实际情况进行宣传教育，提高公众环境素质，使环境意识与可持续发展观念深入人心。其中，更要对管理者进行环境教育，管理者的素质与价值观在环境教育发展中起着关键作用。正如卢卡斯在《环境教育课程》中所说："环境教育如果单是针对学校儿童的，那么他就不可能取得成功，因为学校儿童还没有资格做出许多保护

---

① 田青，等. 中国环境教育研究的历史与未来趋势分析 [J]. 中国人口·资源与环境，2007（1）：130-134.

现有环境资源的决定。"① 因此，要定期对管理人员进行环境教育培训，通过环境知识讲座、参加培训班学习以及参观动植物馆等形式，提高管理人员环境知识水平。

第二，改善环境教育配套条件。

环境教育观念经历近 70 年发展，其定义范围及要求不断扩大，现阶段环境教育更应与可持续发展理念相结合。因此作为环境教育载体的课本也应随时代发展而有所改变，教材内容、教学目标也应针对受教者的年龄阶段而有所侧重。面对专业人员侧重于理论研究而缺乏实践经验的现象，在环境教育教材编排过程中，应使环境教育专业研究者与各阶段教育从业者共同探讨以保证教育内容可以被理解与接受。

在中国环境教育发展过程中也可以借鉴其他国家环境教育成果。在英国，户外教育、博物馆参观学习以及环境教育的实习基地构成了新世纪的中小学环境教育的主体部分，它强调让学生在环境中接触和体验大自然，从而理解自身及周围的环境以及人类与环境的关系。② 在非课堂环境下接受环境教育，有利于学生通过接触、感受自然从而提高学习环境知识的积极性与主动性。所以，中国政府应增加环境教育预算，建立博物馆、动植物馆等环境学习场所，为公民以及学生提供良好的环境教育学习环境。同时，在政府的协调下，教育部与生态环境部应相互支持，相互配合，促进上述公共场所与学校间达成共识，为学校环境教育提供实体标本和实践基地，定期参观学习。在实践中培养学生思考可持续发展问题的习惯与能力，达到环境教育目的。

第三，推进环境教育专门立法。

环境教育对实现可持续发展的目标具有重要作用，无论政府、社会，还是学校、组织和个人都应重视环境教育的普及与发展。但仅仅依靠政策法规无法起到应有成效，因此，需要借助专门立法，来强制保障环境教育在中国

---

① 黄锡生，张菱芷. 中国环境教育现状及对策探析 [J]. 重庆大学学报（社会科学版），2005（4）：134-137.
② 陈蔚. 21 世纪英国中小学环境教育发展 [J]. 外国中小学教育，2015（9）：23-28.

的深入开展。

以专门立法的形式规范环境教育，显示了国家对于环境的重视以及贯彻环境教育走可持续发展道路的决心。美国 1970 年颁布了《美国环境教育法案》，用立法形式对环境教育做出了规范，随后，日本也颁布了《增进环保热情及推进环境教育法》促进本国环境教育的发展。虽然，中国涉及环境教育的法律、法规和条例多达十余种，但仍没有专门立法，容易产生内容混乱、缺乏统一性的现象。因此，在推进环境教育专门立法的过程中，中国可以借鉴其他国家立法成果，但更要注重中国实际情况，并尽可能做出详细说明，对于环境教育责任部门及环境教育目标要做出详细阐述，并明确规定惩处措施，防止出现责任不明现象。环境教育法的颁布有利于摆脱单纯政治呼吁的现状，形成强制约束力，使政府部门、教育机构和公众都充分认识到环境教育的重要性，力推环境教育的法治化进程，促进可持续发展的顺利进行。

第四，推动环境教育评估机制建设。

评估是确保环境教育质量，并使教材和师资得到不断更新的"幕后推手"①。对于环境教育进行评估才能及时认识到环境教育过程中出现的问题及优势，有利于防止环境教育走入误区，也有利于在实践中总结经验，形成具有中国特点的环境教育模式。较早开展环境教育的国家已经建立起相对完善的政府与社会合作的环境教育评估机制，英国的环境教学评估通过培训教师、提供环境教育情报资料、评估环境教育成果等方式推动环境教育的发展。② 目前，中国的教育评估是教育部组织的行政性评估，机构评估专家由评估中心从专家库中选派。③ 所以，在未来关于环境教育评估方面应鼓励政府相关部门及社会有关组织联合组成评估与监督主体。定期对环境教育进行评估，评估内容不仅应包含学校环境教育成果，还应包括社会环境教育成

① 陈蔚. 21 世纪英国中小学环境教育发展 [J]. 外国中小学教育，2015（9）：23-28.
② 雷秀雅，等. 从国际模式看我国的环境教育现状与展望 [J]. 环境保护，2013（13）：76-77.
③ 吴学忠. 中美高等教育评估机制的比较及其对我国的启示 [J]. 教育探索，2010（4）：152-155.

果，并及时将评估结果反馈给教育主体，提出教育发展意见，引导教学发展方向，不断为环境教育注入新的内容。同时，利用调查问卷、数据分析等方式评估国民环境素养水平，了解环境教育成效，激励环境教育发展，走可持续发展之路。

可持续发展理念来自环境冲突问题的凸显，旨在建设一个人与自然互利共生、和谐发展的社会，实现生态、经济、社会之间的统一。未来走可持续发展道路，有效治理环境群体性冲突，需要发展环境教育以转变人们的思想观念。环境教育作为一门综合性较强的教育，在其自身的发展过程中不断吸纳了其他学科知识与内容，面对未来可能与人类生活长期伴随的环境冲突问题，环境教育更要与可持续发展观念相结合。环境教育不仅将人类发展视角转向环境保护，更重要的是在教育过程中使人类自身敢于面对环境冲突现状，并反思自身行为转变发展方式和生存方式。环境教育的成果将对国家经济发展产生重要影响，进而影响国家在国际舞台上的综合国力与国际地位。因此中国应在未来持续大力发展环境教育，使环境教育真正成为全民参与的教育活动，树立牢固的可持续发展价值观，这也应成为环境群体冲突治理架构的重要组成部分。

第十一章

环境参与：环境决策中的公众参与

当今，棘手的环境群体性冲突给政府治理带来巨大的决策压力与风险。如何处理错综精细的官僚体系与公众民主参与渴望之间的各种紧张关系，早已是摆在代议制政府面前的问题。① 而现在情况是，没有哪一个政策领域会像环境决策领域这样，使得这种性质的紧张关系变得更为剧烈和尖锐。在环境保护活动中，中国公众已经从被动参与向主动参与扩展。② 公众参与环境决策的过程经常被认为是一件理所当然的事情，但"理所当然"是任何求知和思考的终结，随之的后果是，很难看清对有效参与环境决策至关重要的条件。所以，我们首先讨论对公众参与环境决策的反对理由和支持意见，特别对反对的理由给予同等考虑，找到质疑者的实质担忧；然后，辨析何为有效的环境公众参与，主要是对决策效果的探讨，关涉环境决策质量、合法性和能力方面；最后，分析如何实现有效的公众参与，主要以组织机构的视角，探讨成功组织公众参与环境决策需要遵循的管理原则，对目标、过程、资源、时机、实施、评价与认知进行综合论述，以便为环境群体性冲突治理架构提供可行的实践途径。

---

① 戴维·赫尔德. 民主的模式 [M]. 燕继荣，等译. 北京：中央编译出版社，1998：408-410.

② 张世秋. 中国：发育成长中的公民社会——善治环境、积累中国可持续发展的社会资本 [C] // 刘鉴强. 中国环境发展报告（2015）. 北京：社会科学文献出版社，2015：7.

第一节　对公众参与环境决策的支持与反对

在某种意义上，一个民主国家的所有决定都会或多或少、或直接或间接地涉及公众参与。从广义上来说，公众参与就是某种过程或程序，公众的关注、需求和价值观借此进入到政府或法团的决策活动当中。① 如果从更广泛的范畴来说，公众参与甚至可以包括完全独立于政府的参与，公众可以对公共关注直接做出自己的决定并加以实施，如自己对空气质量进行监测、对河水质量进行检测，也可以表现为更为激进的自主参与方式。但我们这里所说的公众参与没有那么宽泛，是一种发生在政府体制内决策过程中的公众参与，类似一种由政府机构主导的"规制性参与行为"②。以此为前提，环境决策中的公众参与还是一种针对特定领域的公共参与，因此，这里的"公众参与"是指：政府机构（如环境保护负责机构）、民选代表（如代议机构成员）、其他公共或私人部门（如各种环保组织或企业）为了使公众参与国内环境决策的制定（包括环境评价、环境管理、环境监督和环境规划等方面）而采取的一种有组织的、体制内的程序或过程。这里的"公众"指的是：有组织的利益群体，有时就是一些利害关系人；被系统地选择的人群，如调研中的样本；那些自己选择参与的人们，他们决定参与的是对所有人开放的决策过程。这样的参与使公众进一步扩大了参与范围，再一次弥补了公众只是参与传统政治事务（如投票选举）的不足，使他们可以直接参与到环境政策事务中来，可以直接介入政府行政部门相关职能的履行。政府的这种非传统职能虽然被授权给行政机构，但当公众参与开启之后，它们就不再是唯一的决定者了。公众除了扮演被咨询的对象外，也具有了与政府持续合作和共同治理的身份。但对普罗大众是否适合参与环境领域中相关决策的问题，并不

---

① CREIGHTON J. L. The public participation handbook：making better decisions through citizen involvement［M］. San Francisco：Jossey-Bass，2005：7.
② 龚文娟. 环境风险沟通中的公众参与和系统信任［J］. 社会学研究，2016（3）：47-72.

是毫无争议的。

从管理视角来看，人民所选出的代表和由这些代表所任命的管理者已经受托来认明并追求共同善。① 尽管了解公众的偏好对于政府来说是重要的，但公众对环境政策的直接参与，会为有策略地追求自我利益的行为大开方便之门，所以，这对共同善构成一个不小的威胁。这种视角基本认为：环境决策的制定就是为了更好地解决环境问题，将参与过程看成是一种工具。客观的环境问题就摆在眼前，决策者所需要的就是找到最好的解决办法，而他所依据的标准和价值"共同善"在之前就已经确定了。事实上，这其中暗含了对现代科学方法的推崇，是对科学、知识和客观性的强调。环境议题是复杂多变的，包含大量的科学信息和技术细节，所以，需要具备专业性科技知识的人来对此做出精确和英明的选择，而有资格做出这种选择的人并不多。没有对环境问题科学理解的进步，没有对新的环境现象的发现，没有对各种地方性、地域性、世界性环境变化的把握，没有新技术的应用，就不可能实现环境选择的不断演进。而且，环境决策是一种影响社会与自然环境的选择，在此过程中，必须科学地理解人与自然系统的各种动态联系②：环境变化的发生过程表现在广阔的时空维度，这些过程彼此之间的连锁关系又表现出不同的规模效应。环境决策所指向的客观事实问题带有内在、固有的不确定性，经常是快速和非线性的，有时也是不可逆转的，这都为环境决策提出了诸多特殊的挑战。环境决策的这些特点表明，环境政策的决定权应该掌握在专家的手中，而不是其他人手中。

针对这样的反对意见，找到与之相对的观点来予以反驳，并不困难。在一定意义上，我们所面对的环境难题，不是科学本身的问题，而是人们在社会层面如何看待和利用科学的问题。与此相似，环境决策所呈现出的复杂性，不仅涉及科学事实层面的不确定性，也涉及利益和价值层面的多样性，环境选择是对科学和技术的选择，也同样是政治、经济、社会和文化的选

① LAIRD F. N. Participatory analysis, democracy, and technological decision making [J]. Science, technology, and human values, 1993, 18 (3): 341-361.

② LIU J. (et al.) Complexity of coupled human and natural systems [J]. Science, 2007, 317 (5844): 1513-1516.

择。而无论从多元视角，还是协商视角，都有支持公众参与环境决策的理论依据。从多元视角来看，不存在所谓客观的共同善，只有相对而言的共同善，而这种善来源于不同利益群体之间自由的讨价还价，最了解自身利益的所有相关者要有机会坐在一起权衡各种不同的利益，各种竞争性利益需要通过这个过程完成聚合和平衡，政府的作用就是确保正当的过程和公正的仲裁。① 所以，公众参与环境决策就是系统表达公众环境利益的问题。在协商视角下，强调通过协商过程来发展对共同利益的共有理解，而要寻求解决办法，成员之间的对话和信息交流是必要的。必须按照能说服他人的要求来提出假设，而不是仅仅表达个人的意思。② 所以，环境决策中的公众参与是一种说服他人接受自己的环境观点，同时也细致地了解他人的环境诉求，来寻求一个求同存异的政策结果的过程。

事实上，我们对支持意见习以为常，对反对理由也并不陌生，只是缺少了对后者的特别思考。反对公众参与环境决策，所表现的是一种对参与结果和参与过程的双重担忧。认为自利行为和非专业行为可能造成对共同善的威胁，是对公众参与环境决策的效果及程序缺乏信心。也就是说，公众参与对环境决策的质量、合法性与执行的实质性贡献受到质疑③，公众参与也许不利于它所要达到的目的。这里的反对理由不可能否定公众参与本身的合理性，也并非针对于此，因为就民主的规范价值来说，如政治平等、人民主权和人的发展，没有任何理由拒绝公众参与。确切地说，这里已经假定公众参与的组织机构认同和希望发挥公众参与的积极作用，这是讨论的前提条件，由此引出的对参与有效性的怀疑，是在技术层面对实质有效性的怀疑，即，环境决策中的公众参与是否可能在实践中实现具体的政策目标，是否可能产

---

① WILLIAMS B. A., MATHENY A. R. Democracy, dialogue, and environmental disputes: the contested languages of social regulation [M]. New Haven, CT: Yale University Press, 1995: 6.

② 约翰·S. 德雷泽克. 协商民主及其超越：自由与批判的视角 [M]. 丁开杰，等译. 北京：中央编译出版社，2006: 132.

③ BURGESS J., CLARK J. Evaluating public and stakeholder engagement strategies in environmental governance [C] // PEREIRA A. G., VAZ S. G., TOGNETTI S. Interfaces between science and society. Sheffield: Greenleaf Press, 2006: 225-252.

生好的政策效果。与对"公众参与的支持和反对"相比，这是一个更为重要的问题。那么，下面的关键问题就是：究竟在何种意义上，才能说公众有效参与了环境决策。

第二节　公众参与有效性的标准：环境决策的质量、合法性和能力

准确地说，对公众参与的反对主要是对公众参与的有效性持批评的态度和观点，而这种有效性更多的是指效果。当然，也有对公众参与的效率问题提出不满的看法，即认为旷日持久的沟通、谈判和协商，不但耗费了大量的成本，也没有取得实质性的效果。所以，对效率低下的抱怨，最终还是来源于对效果的失望。当以这样的方式来看待公众参与的时候，更多的是将其看作一种实现目的的手段，而不是将其看作目的本身。如果将公众参与看作目的本身，也就不存在无效果的问题。因为在这种情况之下，参与本身就已经足够，即使它是无效的。一些人已经知道无法改变某一个环境决策的结果，但仍旧选择参与，这些人只是要发出自己的声音。对他们来说，无效的声音比什么都不做要好。但一般来说，对于普通的参与者，这样的公众参与很难给他们以激励，会产生失望和挫折感①，并不会维持下去，即使再次参与，也是无效参与，因为失败的参与经验会对决策体系，甚至对政治系统产生玩世不恭的态度和做法。因此，我们更希望以工具性或实质性来衡量公众参与环境决策的有效性，但也不排斥公众参与环境决策的规范价值。

影响公众有效参与环境决策的因素有很多，例如，参与者的代表性和责任心，参与者对复杂科学联系的理解力和分析力，在环境利益冲突中取得共

---

① 朱谦. 公众环境行政参与的现实困境及其出路［J］. 上海交通大学学报（哲学社会科学版），2012（1）：34-41.

识的可能性，在误导性压力之下为达成共识而牺牲其他环境目标的情况等。① 这涉及程序公平和结果公平的方面，但这些因素对参与有效性的影响，最终都能够在决策效果上有所反映。从长远来看，良好的决策效果与决策调适来自有效的公众参与。也就是说，决策效果可以反映公众参与的有效性。那么，环境决策效果需要在哪些方面达到一定标准或要求，才能认为公众有效参与了环境决策。人们通常认为相关利益者越广泛、越直接、越深入地参与政府环境决策过程，环境决策的质量、合法性和能力效果就越好。② 那么，以此为依据逆向推导，可以利用环境决策的质量、合法性、能力与公众参与的这种关联性，来衡量公众环境参与的有效性。从最直接的衡量标准来看，环境决策效果至少要在三个方面有所满足，即环境决策的质量、合法性和能力（见图22），才能说明公众对环境决策的有效参与。

公众有效参与的环境决策将会是一个决策质量得到提升的公共决策过程。一个具有良好质量的环境决策必须建立在对环境事实和公众评价都进行了准确了解的基础之上，既要使用科学技术分析，又要考虑具体的环境背景和地方群体与组织的情况。首先，明辨所有受到环境决策影响的人或利害关系者的价值观、利益和关注；其次，清楚确定可能采取的一系列行动；再次，系统地认识和考虑到随后可能发生的效果及其不确定性；并且，清晰知道完成以上任务可资利用的各种知识和手段；最后，能够及时将之后的新信息、新方法和新关注整合进之前所作的决策当中。具体来说，高质量的环境决策会体现出对所要予以解决的问题性质具有明确认识；完整收集了各种信

---

① ABELS G. Citizen involvement in public policy-making: does it improve democratic legitimacy and accountability? The case of pTA [J]. Interdisciplinary information sciences, 2007, 13 (1): 103-116.

② STIRLING A. "Opening up" and "closing down": power, participation, and pluralism in the social appraisal of technology [J]. Science, technology, and human values, 2008, 33 (2): 262-294; LIBERATORE A., FUNTOWICZ S. Democratising expertise, expertising democracy: what does this mean, and why bother? [J]. Science and public policy, 2003, 30 (3): 146-150; RENN O. The challenge of integrating deliberation and expertise: participation and discourse in risk management [C] // MCDANIELS T. L., SMALL M. J. Risk analysis and society: an interdisciplinary characterization of the field. Cambridge: Cambridge University Press, 2012: 289-366.

息，包括环境系统状态、影响关注结果的环境条件信息、决策选择对结果所带来的影响的信息等；对各种信息进行了分析，涉及其可信度和确定性，确定了决策信息的关联性；在分析了一系列关注点和决策方案及其结果后，判断出不利于实现目标的决策，有明确的决策选择；发展出适合的评价方式来对决策结果进行评估，实现对决策结果的监督。所以，有效的环境公众参与结果必须在问题认知、信息收集与综合、决策方案选择、决策评估等环境决策的质量方面具有积极的影响。

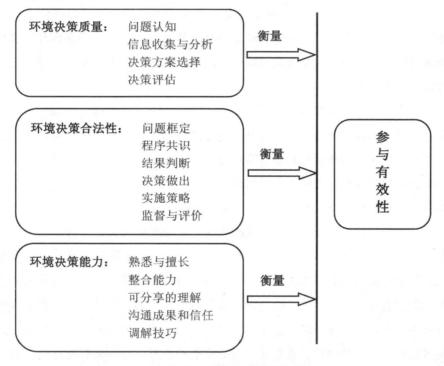

图22 公众参与环境决策有效性的衡量关系

召集公众参与环境决策的政府机构或以完成某一任务为导向的领导小组，通常希望凭借公众参与可以使更广大的公众接受所做出的环境决策，并希望因此有利于其顺利地完成相关任务。而对于政府的环境决策，公众希望有关机构或组织可以来征求自己的意见，至少能够让决策者知道自己的想法。在成功组织公众参与的情况下，公众参与环境决策可以提供一种机制来以更加具体现实的方式获取公众的同意，从而使环境决策被广泛地认为具有合法性基础，这种合法性认同也会继续延伸到政府治理层面。公众参与环境决策的有效性会体现在环境决策的合法性方面，其主要是指受决策影响的当事者和利害关系人认为这个决策过程与结果是公平和能够解决问题的，并且遵循了相关法律和规章。具体来讲，过程和结果公平体现在：谋求对所要解决的问题和解决程序达成共识；确定当事者想要实现和避免的结果，并在可行的范围内予以考虑；了解当事人对不同决策选项的反应，以及他们如何看待与决策相关的信息的可靠性和确定性；寻求公众对决策达成广泛的一致性认识；致力于在执行策略和评价方式上达成一致意见；监督和评价决策结果。所以，得到公众有效参与的环境决策必须在问题框定、程序设计、选项取舍及其结果判断、信息收集与综合，以及决策做出、实施和评价等方面表现出合法性效果。

通常情况下，很多政府机构，不但在决策制定上，而且，在决策执行、评价和修订方面，都需要不断与公众进行接触和保持联系，才能因此正常运作和发挥作用。这种接触和联系需要建立一定程度的相互理解和信任，而理解和信任的建立会使这种关系的磨合进行得更加顺利。如果公众对环境决策的参与活动进行得好，就会增强各方处理这种关系的能力，使受影响的各方更易理解科学的决策，也使专家和政府人员更易理解公众的关注，决策也会更容易执行，未来对决策的评价和修订也会更易于获得公众支持。具体来说，对于环境参与的组织机构，这种环境决策能力的增强在于：变得更加熟悉和擅于有效参与；变得能够更好地将最适合可用的科学知识、信息与多种价值观、利益和关注点结合在一起；对相关问题和决策所要面对的挑战，形成可以广泛分享的理解；更好累积沟通成果和相互信任；具有更好的调解技巧。所以，环境决策中有效的公众参与不仅是利益相关者能够更好表达各自看法的方式，也是环境决策者汲取、提炼参与者的观点和发现、构建共同利益的方式。这种决策能力上的变化不但可以从规范价值意义来理解，更体现出它的工具价值。

当然，在不同的环境决策背景下，寻求实现的决策效果的侧重点可能有所不同。当各方在相关科学信息上存在争议时，可能更重视决策质量；当参与者之间或者公众对公共权威缺少信任时，则可能对决策合法性更为侧重；

当公众对参与技巧缺少理解，能力建设可能更重要。但一般来说，环境决策的质量、合法性和能力三个方面是交叉互补的关系，一个方面效果的实现，会有利于其他方面效果的成功，甚至每个方面效果本身也包含了一部分其他效果的内容。有效（良好）的公众参与需要同时满足这三个方面。环境决策在质量、合法性和能力方面表现出良好效果，就是成功组织公众参与的反映。在这个意义上，才能说公众有效参与了环境决策。相反，如果在最基本的层面和水平上，环境决策不能达到这样的决策效果，或变得更坏，那就是无效的公众参与。但即使确定了什么是环境决策中无效或有效的公众参与，也还没有真正回应一些对公众参与无效性的质疑和担忧，因为无效的公众参与还在那里，在多数情况下，它会使环境决策的效果变得更糟，而无效的公众参与甚至比没有公众参与更为有害。如果要进一步缓解类似的疑虑，我们需要回答：怎样去实现公众对环境决策的有效参与，以便取得在质量、合法性和能力方面具有更好效果的环境决策。

第三节 有效公众参与的实现

虽然环境决策的质量、合法性和能力可以用来衡量公众参与环境决策的有效性，但显然这三个环境决策效果并非是在所有公众参与过程中自然而然达成的。那么，为了保证公众的有效参与而实现这样的决策效果，作为公众参与环境决策的组织者（特指政府机构），它们的活动将要符合怎样的要求才能达到管理公众参与的基本目的；而考虑到参与程序需要完成的目标，程序设计要体现怎样的特点，以便应对来自不同背景下的环境决策挑战；面对复杂的决策背景对实施有效参与所提出的诸多困难，需要采用哪些实践技巧才能予以克服。为了在这些方面给出答案，我们将对管理公众参与的基本原则展开讨论，探求公众有效参与环境决策的实现条件。

有效的公众参与会带来良好的决策效果，但对公众参与的失败管理则会产生反效果，而导致公众参与弊大于利。如果只是将公众参与当作一种表面的例行手续来进行管理，没有得到决策者的充分支持，没有提前认真拟定计划，没有充足的资源、没有承担机构责任，几乎不可避免的结果是：公众对决策结果的影响十分微小。这种参与就会增加对政府的不信任感。如果对公众参与的管理仅仅是为了满足某种政治策略而将公众的视线和精力从他们所持有的重要分歧中转移出来，并将其引入到政府机构认为的安全领域而忽视重要冲突，那么，从长期来看，这种管理就会导致反效果的公众参与。所以，需要提出一些基本的管理原则，为组织公众参与环境决策的政府机构提供实践性指导，以便完成公众参与环境决策的目标。这些管理原则在短期和长期上都将有利于公众有效参与环境决策。

一、组织目的明确

将公众参与引入环境决策中，管理者应当明确要从公众参与中得到什么，清晰的目的有助于公众参与的成功组织。① 相关政府机构要为此设计一套目标体系，与相应的计划相结合，解决如何应用参与结果的问题，并认真努力地让各方参与者能够理解这个计划。借此，组织机构将平等地满足参与者对它的部分期望，表明自己可以胜任设计议程和澄清公共目标的工作。这会使公众更可能接受政府机构的决定，也会使公众更有意愿投入到之后的参与努力中来。在参与开始时，管理机构和参与者应该针对组织参与的目的制定一个明确的协定。当清晰的目的反映了管理者和参与者之间就参与目标达成的一致意见，并考虑了参与者各自的目的，以及行动的法律范畴和参与过程的局限，参与过程就会趋向于产生更好的效果。由于环境问题的特殊性质，参与者通常会持有各种各样的解决方法，但外部的参与者很少能了解公众参与组织机构的关注及其职能局限，从长远来看，澄清自己的关注和局限是组织机构更好的选择，避免其组织公众参与环境决策的目的遭到诟病，而被认为是一种虚假、错误的借口。澄清组织目标有利于在可选择的解决框架下建立起相互的理解。组织公众参与环境决策的实际目的是非常具体的，针对具体问题给出决定、结论和建议。例如，是否应该建立"核循环"项目，

---

① 约翰·克莱顿·托马斯. 公共决策中的公民参与：公共管理者的新技能与新策略 [M]. 孙柏瑛，等译. 北京：中国人民大学出版社，2005：145.

有哪些需要优先考虑的环境问题，需要怎样的应急反应机制等。但如果只是注意到了这些具体目的，就遗漏了一些重要的组织公众参与的社会目标，例如，让公众了解相关信息和掌握相关知识；让决策机构综合考虑公众不同的价值观、假设和偏好；提升环境决策实质质量；增进对政府的信任；减少利益相关者之间的冲突等。这些社会目标是否能够达成，与公众参与的有效性直接相关，也关系到环境决策的效果。当然，目的明确的参与过程有利于将决策重点集中于可经协商解决的冲突或纠纷，而不是价值讨论。

二、以参与过程来说明管理行动

负责进行环境决策的政府机构越是致力于支持过程并看重由此得出的结果，公众参与的成效可能就越大。这也许是因为，决策机构越是依据参与过程的结果来行动，当事者就越是可能认真地参与。由于参与的目标是由政府机构和参与者共同决定的，就应该进一步确定这些目标能够获得机构中各层级的支持，包括机构领导者，也包括机构工作人员，而且，这种支持在公众参与环境决策中必须是稳定和持续的。在参与过程开始时，必须阐明参与过程输出的信息如何和由谁来加以利用，同时声明负责部门应公开承诺以开放性的思维来处理输出信息。如果公众不清楚信息将被如何使用，就会增加不确定因素，阻碍公众对环境决策进行很好地思考。更为重要的是，参与过程要与组织参与的目的相配合，才能更好地说明管理行动的合理性。政府机构需要熟悉不同的参与方式对不同的组织目标的功能（见表2），没有一种参与方式和途径可以满足公众一切的参与要求，但必须满足公众通过这种方式最可能满足的要求。对组织机构和公众都要清楚：需要在参与过程中利用多种参与方式，才能达到综合目标。而需要注意的是：这些目标不同于具体的决策结果。事实上，只有当管理机构致力于高质量的参与过程，而不是谋求特定的决策结果的时候，公众才更可能认真和公平地思考各种可行的选项，而不是仅仅维护自己最初所偏爱的选择，从而做出合理的判断。① 所以，如果管理机构能够让参与者相信：它们没有预先制定好了环境决策，也没有强烈倾向于哪一个行动计划，而是真的在寻求参与者的意见，那么，公众参与才可能有效进行。

表 2　环境参与方式与组织参与目标的功能关系

方式 ＼ 目标	增强决策质量	增强对政府的信任感	提高参与决策能力（公众）	加强决策能力（政府机构）	减少冲突
环境调研	●	○	○	●	○
小组座谈	●	○	○	●	○
环境信访	●	◗	○	●	◗
环境信息公开	○	●	○	○	○
环境公告发布	○	◗	○	○	○
环境知识普及和教育	○	●	●	○	○
环境听证会	●	◗	◗	●	◗
公众咨询	●	●	●	●	●
恳谈会	●	◗	●	●	◗
共识会议	●	○	●	●	◗
环境仲裁或调解	●	◗	○	●	●

注："●"代表"可行"；"◗"代表"也许可行"；"○"代表"不可行"。参考 BEIERLE T. C. Using social goals to evaluate public participation in environmental decisions [J]. Policy studies review, 1999, 16（3）：75-103。

---

① LERNER J. S., TETLOCK P. E. Bridging individual, interpersonal, and institutional approaches to judgment and decision making：the impact of accountability on cognitive bias [C] // SCHNEIDER S., SHANTEAU J. Emerging perspectives on judgment and decision Research. Cambridge：Cambridge University Press, 2003：431-457.

三、足够的资源支持

当决策机构拥有足够的资源来管理公众参与，并能根据环境议题的规模、复杂性和难度来适度调配资金和人员的时候，才更可能形成有效的公众参与。资源投入不仅是一个现实问题，也向参与者传递了一个重要信息：组织机构是否真的重视公众对环境决策的参与。如果人力与财力资源不能满足所期望的公众参与，就要对参与计划进行准确判定和调整，在可资利用的资源下，针对参与目标完成有效的公众参与。决策制定需要成本效益分析，特别是对还没有在环境决策上形成完善的成本效益分析机制的中国而言。① 虽然不能完全以成本收益分析来评价公众参与的有效性，但政府机构需要对组织公众参与环境决策所需要的成本有清楚的预计，足够的资金必不可少。如果没有充足资金注入，就不能保证顺利地获得信息、提供技术援助和召集足够数量的会议。完成公众参与的目标需要充足的资金等其他资源，是最经常被提到的实践经验。② 而资源不单指资金，也包括环境机构的能力，这种能力体现为拥有训练有素和充满热情的工作人员。③ 他们积累了宝贵的经验，既可以保证公正的参与程序，也可以充当冲突和纠纷的调解员，而环境机构人事关系的稳定性也有利于公众参与环境决策的组织活动。任何时候，缺少资源都将是组织公众参与环境决策所要面临的挑战。一旦创造了无法满足的期望，将比缺少资源本身产生更为严重的问题。组织一个能够充分予以支持的公众参与，要比开展一个不能给予足够支持、形式上的宏伟参与计划好得多。所以，对于组织机构，清楚知道拥有的资源至关重要。这样才能确定管理公众参与的侧重点，保证在应对重要挑战或障碍时的充分管理资源供给和

---

① 赵立建. 从"APEC 蓝"看中国空气污染治理［C］// 刘鉴强. 中国环境发展报告（2015）. 北京：社会科学文献出版社，2015：25-26.

② LEACH W. D. , PELKEY N. W. Making watershed partnerships work：a review of the empirical literature ［J］. Journal of water resources management and planning, 2001, 127 (6)：378-385.

③ O'LEARY R. R. , SUMMERS S. Lessons learned from two decades of alternative dispute resolution programs and processes at the U. S. Environmental Protection Agency ［J］. Public administration review, 2001, 61 (6)：682-692.

组织能力，更好分配有限资源。而通常来说，能够创造性地寻求额外资源，包括参与者、其他民众、非营利性组织等可能提供的资源，也会起到好的作用。①

四、与决策相关的合适参与时机

如果公众参与的过程能够及时获知新出现的相关信息分析，并且，公众参与的输出信息能够及时与环境决策过程相连接，则更可能形成有效的环境公众参与。在时间和资源较宽裕的情况下，公众较早参与环境决策有助于增强环境决策的合法性和质量。利益相关者介入决策过程初始阶段的议题筛选与拟定，有利于良好参与计划的设计，也将有利于产生和获得高质量的科学信息及其分析。但过早的公众参与所得到的关键信息，对环境决策来说，也许是无用的。"信息必须在相关决策做出之前得到及时地提供，而不能在此之前过早得出。"② 如果在参与过程结束之后，环境决策的背景因素或可资利用的各种科学分析出现了变化，那么，这种变化有可能抵消公众参与所带来的环境决策效果的价值。过早的参与不可取，过晚的公众参与则没有足够的时间来分析相关的科技信息，以及建立相互的理解和信任。这样的公众参与将无法影响环境决策，也无法兑现政府机构重视参与过程及其结果的承诺。所以，在设计参与过程的时候，遵守环境决策机构的时间表尤为关键，需要在规定时间内合理安排参与进程，向决策者提供可资利用的结果，否则，参与的有效性就会大打折扣，甚至变得没有意义。在环境决策的公众参与中，时机是影响科学分析和决策过程的关键因素。当然，如果把公众参与环境决策看成是不断调整的环境管理策略的一部分，这种时间限制将不会再对公众参与有如此的约束。所有的环境决策终要在之后的某个时候通过重新组织的公众参与来被重新决定是否合适，在这个意义上，每一次公众参与所

---

① CARPINI D. (et al.) Public deliberation, discursive participation, and citizen engagement: a review of the empirical literature [J]. Annual review of political science, 2004, 7 (1): 315-344.

② MITCHELL R. B. (et al.) Information and influence [C] // MITCHELL R. B., et al. Global environmental assessments: information and influence. Cambridge, MA: MIT Press, 2006: 314.

形成的环境决策都是暂时性的。总之，时机问题对公众参与环境决策的组织者构成了重要挑战。有时面对这种情况，需要适当调整公众参与的强度和所涉及的环境议题范围，从而符合环境决策的时限要求。但同时也需要承担参与过程的仓促进行和参与范围的压缩所带来的决策风险。

五、注重决策实施

有效的公众参与不但应与环境决策的制定相联系，也应以清晰的方式与环境决策的实施相联系。负责机构从一开始就应该清楚自己的实施能力，对可能实施的环境决策具有清晰的认识。公众参与为整体的环境决策服务，将决策的实施作为公众参与范畴的一部分，尤为重要。在参与过程中进行协商讨论时，对环境决策实施可能性的考虑也将成为决定环境决策选项的重要因素之一，需要根据实际的实施条件和其他情况，来确定哪些议题具有优先性，哪些议题不在议程之内，从而明确议题的范畴。并且，要事先确定参与者在参与过程中的角色和责任，包括他们在环境决策实施中的角色和责任，对环境决策的实施做出基本考虑，例如，实施的合作者、监督和勘察机制、激励与阻碍因素等。对环境决策实施中的困难做出全面预测，对其中可能出现的意外情况进行充分讨论，将使公众参与过程及其结果向环境决策者传递更有价值的信息，从而更有机会产生参与者认为实际可用的环境决策。而另一方面，环境决策的实施会涉及组织机构的权限问题。组织机构不得不根据实施能力来提出参与目标及确定相应的公众参与范围。所以，对于组织机构而言，最好在表明环境决策积极意向的同时，根据实施环节的困难，给出谨慎的承诺，尽量避免由于资源限制和政治复杂性等因素带来的承诺兑现风险。[1] 当然，这种做法也许会使公众感到失望，因为他们在环境议题上有着更广泛的利益和关注。但总体来说，组织机构和参与者对决策实施能力的了解和重视，将增加公众有效参与环境决策的机会。

---

[1] WILBANKS T. J. Stakeholder involvement in local smart growth: needs and challenges [C] // RUTH M. (ed.) Smart growth and climate change: regional development, infrastructure and adaptation. Northampton, MA: Edward Elgar, 2006: 111-128.

六、专心致力于评估与认知

公众参与环境决策的有效性会得益于对环境决策评估的参与。这种评价之所以有益，是因为参与者能够亲身参与评估，而评估既可发生在参与结束后，也可发生于参与进行中。那些允许在中期进行调整的参与过程和那些经过评估而对未来的公众参与留下教训的参与设计，也许更有助于组织机构和参与者从中学到知识。对环境决策中如何组织公众参与的学习和认知不可能来自直觉判断，但可以通过自主评估得到极大的提升。系统的评估是理解公众参与有效性和决策效果的最可靠方法，也可以因此确保制度化的认知和实践经验的改进。但系统评估是事后评估，而且，所需的资源投入比较大，也更适合于规模较大，中长期的公众参与。而环境决策评估不只是公众参与环境决策的结束报告，它也可以是形成性评估，比如，在每次会议后的简单调查，或对参与者的常规询问报告。形成性评估的主要目的在于：改善进行中的决策参与，利用决策的制定和实施过程中的反馈来提高管理者的能力。这种评估不但投入少，也可以与系统评估结合使用，也许会对提升参与的有效性发挥关键作用。当然，由管理机构之外的专业评估者进行的评估会更具客观性，也更可能具有内部评估无法具备的洞察力。而评估仅仅是提高组织机构管理能力的第一步，将由此得来的认知制度化也同等重要。认知的对象不但是过往的经验，也是正在发生的实践。这种认知对管理机构非常重要，对公众也是如此。实质上，正是缺少进行有意义环境公众参与的机会导致了对环境公众参与的冷漠和疏远。所以，在某种意义上，有效的环境公众参与依赖于管理机构和公众不断提升的认知水平与能力。

环境决策中的公众参与，正如其他决策领域的公众参与一样，是一种无法阻挡的历史潮流，无论支持它的人，还是质疑它的人，都在以自己的方式推动着它的发展进程。未来环境问题的解决将依赖于科学分析与公众参与的有效结合，协作和共同管理是现代环境治理的鲜明特征。环境决策应该表现出相互依赖的公共参与状态，政府、社会与市场，单凭任何一方都无力完成环境决策的制定与实施，封闭式的决策过程势必要让位于相互支撑的决策模式。① 在环境决策过程中，政府、社会与市场之间的界线似乎不再泾渭分明，这种状况正在变得常态化。如果政府机构希望体制内的参与机制在环境决策过程中发挥重要作用，就不应过分执着于政府权威，而应更好地完成向组织管理者角色的转化，如致力于通过环境谈判来缓解环境冲突和环境群体性冲突。规范组织公众对环境决策的参与，增加公众影响环境决策的机会，改善环境决策的质量、合法性和能力，这将成为中国在应对环境群体性冲突时需要长期面对的管理考验。

---

① VAN TATENHOVE J. P. M. , LEROY P. Environment and participation in a context of political modernisation [J]. Evironmental values, 2003, 12（2）: 155-174.

第十二章

环境谈判

在当代中国，伴随环境污染的加剧，如大气污染、水污染、土壤污染等情况的恶化，在逐渐增多的环境治理、环境资源管理等领域的讨论中，一些分析和研究关涉环境冲突及其解决。"冲突是自由社会必不可少的组成部分"①，环境冲突及其引发的集体行动也将是正在发展的环境治理和管理中需要面对的经常性问题。但这并不意味着我们可以对此习以为常，恰恰是那些时常发生的公共问题，才是最值得我们探索有效解决方法的关键对象。目前，对于环境冲突现象，人们可以使用的正规解决途径是：法律诉讼形式和非诉讼形式，而后一种形式主要是指环境谈判。在应对环境冲突的过程中，人们对这两种解决形式存有争论，特别是对环境谈判在解决环境冲突中的优势抱持怀疑态度。有鉴于此，在这里将首先明确环境冲突的现实问题，涉及环境冲突从何而来，这会直接影响解决形式的选择；其次，对环境诉讼与环境谈判的特点进行相关讨论，探究环境谈判在实质上解决环境冲突可能性；再次，讨论环境谈判的技巧，如果选择这种解决形式，如何进行谈判才能达成一致协议；最后，探讨环境谈判是否能够变得常态化，在政府作为上能否对此有所支持和保障。这部分内容主要服务于努力解决环境冲突及其引发的群体性事件的实践者，以及国内相关政策的制定者，也许借此可以带来对环境群体性冲突整合性协同治理架构更多的认识和理解。

---

① CARPENTER S. L. , KENNEDY W. J. D. Environmental conflict management: new ways to solve problems [J]. Mountain research and development, 1981, 1 (1): 65-70.

第一节 环境冲突的现实

从某个视角来看，环境冲突是以环境资源为媒介，发生在人与人之间的冲突，其中涉及不同类型环境利益的冲突①、公民权利困境②和政府职能缺失③，也关涉世界观的差异④，以及价值冲突与抵牾⑤等。在这个意义上，环境冲突可以被理解为：至少有两个行为人或群体在同一时间努力获取某种环境资源的社会情形之下，在交互过程中造成的利益、需求和目标上的分歧状态。⑥ 在现实生活中，这种分歧状态主要表现为，当事者对某一个项目、决定、或政策对环境资源状况的影响所持有的不同看法，即基于对环境利益与需求的认知差异。

地方政府意图建设对二甲苯（PX）化工项目，但当地居民普遍对此项目持反对立场；公共事业部门建议建设垃圾焚烧厂，但当地居民表现出几乎一致的抵制态度；环境保护主管部门出台严厉的惩治举措和规章，被影响的企业、地方政府对此颇有微词，而环境群体和公众也心存不满。那么，是否应该引进对二甲苯化工项目？是否应该建设垃圾焚烧厂，或哪里才是合适的建设位置？环保部门的规章措施是有效的吗，可以用成本收益分析来衡量吗？显然，人们对此看法不一，对什么是合适的政策不能达成一致意见。实际上，在这些例子中，环境冲突真正表现在人们对现实问题的不同认识上。地方政府认为化工项目对经济有巨大推动并符合环保标准，但当地居民普遍

---

① 刘莉. 邻避冲突中环境利益衡平的法治进路 [J]. 法学论坛，2015（6）：39-46.

② 孙旭友. 邻避冲突治理：权利困境及其超越 [J]. 吉首大学学报（社会科学版），2016（2）：81-86.

③ 谭爽，胡象明. 环境污染型邻避冲突管理中的政府职能缺失与对策分析 [J]. 北京社会科学，2014（5）：37-42.

④ ABRAHAM E. A. Towards a shared system model of stakeholders in environmental conflict [J]. International transactions of operational research，2008，15（2）：239-253.

⑤ 李启家. 环境法领域利益冲突的识别与衡平 [J]. 法学评论，2015（6）：134-140.

⑥ 赵闯，黄粹. 环境冲突与集群行为 [J]. 中国地质大学学报（社会科学版），2014（5）：86-100.

对此项目可能带来的环境危害感到恐慌①；公共事业部门认为垃圾焚烧厂的环保功能巨大，但民众认为焚烧飞灰会对自然环境和人体健康造成严重影响②；受到环境政策所影响的企业、地方政府也许会认为其太过严格、成本代价太高，而环境群体、公众可能认为这些做法仍旧力度不够，不足以改善环境质量。若要解决环境冲突，就要更多地认识和理解这种背后的认知差异。

现实中的环境冲突有多种来源。由于一件事情的结果会对当事者带来不同的影响，产生不同的利害关系，所以，当事者经常对一件事情持有不同，甚至相反的立场。如果打算兴建水电站，有些人会为发展清洁能源来增加能源供应并缓解减排压力而选择支持，有些人则因为担心造成地质变化而表示反对；有些人为防洪和获得更充足的供水量而趋向赞同，有些人则因为对河中渔业资源的影响而持否定态度；居于上游的居民也许会同意，居于下游的民众可能会抵制，或者相反。③当事者对分配结果的简单计算，对谁受益和谁损失的估计，会为认识环境争议提供一个重要的视角。当获益大于损失的时候，一些合适的补偿也许会使那些承受损失而持否定看法的人们放弃反对的立场。然而，在许多环境冲突或环境争议中，谁将有所得和谁将有所失，并非显而易见，环境决策经常要面对大量的不确定性。例如，临海而建的核电站是否可能发生事故而威胁人体健康，这应取决于包括污染处理设备在内的整个核电机组设施正常、有效地运转，虽然理论上发生事故概率非常小，但因为新的技术或复杂的地质情况，没有人能够完全断言结果。④同样，建造核电站会给当地政府带来更多的税收和就业机会，但也可能对市政管理带来很多额外要求和风险，也许不利影响最后会变成有害结果。所以，类似的

① 李永正，王李霞.邻避型群体性事件实例分析［J］.人民论坛：中旬刊，2014（2）：55-57.
② 杨长江.重视垃圾焚烧超常规发展引发的环境与健康风险［C］// 刘鉴强.中国环境发展报告（2014）.北京：社会科学文献出版社，2014：109-117.
③ 鲍志恒.长江水电开发再现危局［C］// 刘鉴强.中国环境发展报告（2013）.北京：社会科学文献出版社，2013：48-58.
④ 王作元，马卫东.从日本福岛核事故影响看中国的核安全［C］// 杨东平.中国环境发展报告（2012）.北京：社会科学文献出版社，2012：69-78.

建设项目究竟是恩惠，还是祸根，我们无法准确判断，这也许最终取决于我们无法精确预测的各种条件与趋势。

不确定性是导致很多环境冲突的重要问题，但很多时候，环境冲突并非仅仅来自环境事实本身的不确定，也在于当事者对环境事实的不同认知。环境事实本身只是影响因素之一，数据与论证有可能起作用，但也有可能用处不大。认知的差异与区别使当事者对环境风险表现出不同的态度，对机会和可能性进行不同的判断，做出不同的决定。假设某个城市面对不断增加的垃圾量，必须决定如何有效地处理固体废物问题。现今，有两个选择摆在面前：一是建立一个垃圾填埋场，另是建造一个垃圾焚烧厂。事实是这两个选择都可能产生环境污染，具有环境风险。填埋场，如果不能得到良好的建设和维护，渗滤液是其最大隐患，污染地下水；焚烧厂，如果不能得到严格地建造，二噁英气体是其最大危害，污染空气。在所有其他条件都同样的情况下，该城市会偏向于选择对环境威胁最小的选项。这种威胁与两个因素的作用正相关：环境污染的概率及其产生影响的程度。

从技术条件上来说，我们可以对两者产生环境污染的可能性进行估计，给出概率。假定（见图 23）：填埋场产生污染的概率是 x，无污染的概率就相应为 $1-x$；而焚烧厂产生污染的概率为 y，无污染的概率就相应为 $1-y$。但人们经常会对此有截然不同的估计，一些人相信某个设施十分安全，而另一些人则认为它非常危险。有时候，这种差异来自各自掌握的信息不同。在环境冲突中，反对者和支持者因为仅仅拥有或了解片面的信息而产生巨大分歧，是十分普遍的现象。但很多情形却是：即使人们面对同样的信息和数据，也可能会得出不同的结论。对概率的不同估计会产生环境冲突，但当人们对概率达成一致的时候，冲突仍可能发生。相对来说，填埋场发生污染的概率很低，而焚烧厂则很高。设想人们同意 x 为 1%，y 为 99%。但发生污染概率高不等于对环境的威胁大，发生污染概率低不等于对环境的威胁小，还取决于其影响程度的大小。而对于发生污染后的影响程度是多少，人们又会有不同的看法。有些人会认为水源受到污染更不可接受，另一些人则认为空气污染更无法忍受。假设人们对影响程度取得了一致，同样发生 1 次污染，填埋场造成 100 万元的损失，焚烧厂造成 5 万元的损失（见图 24）。在这种情况下，还是有不同的看法。有的居民也许会支持填埋场建设，看重了概率，而不是影响度；有的居民也许会支持焚烧厂建设，看重了它的影响度，而不是概率。当然，还可以将概率和影响度相乘，算出二者的环境成本分别是：填埋场 1 万（1%×100 万）；焚烧厂 4.95 万（99%×5 万）。但金钱不是唯一的问题，相对来说，地下水对有的市民更重要，而不是空气，或者相反。这毕竟不是纯粹的数学计算，这是人性化的认知。即使知晓可能的环境成本，仍旧无法避免认知与偏好的差异。

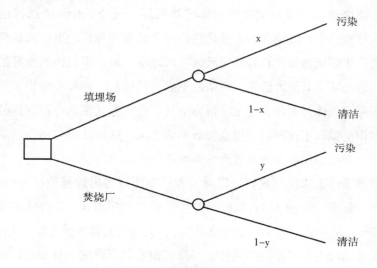

图 23　不确定下的决策模型

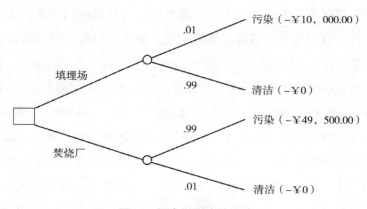

图 24　概率和影响的比较

我们对这个"垃圾处理项目"的例子做了很多简化，逐步弱化其中的不确定性，但认知差异致使环境冲突始终存在。简言之，即使在一个概率和影响都为人所知的假想世界中，对风险的不同认知与态度仍将酿成冲突。而在现实事件中，如果还要分析利益相关者的范围①，如何选址②等诸多问题，将会面对更多的认知差异，也因此会导致更多环节的环境冲突。尽管科学与社会都在不断发展，但对使用自然资源的后果，我们仍旧有许多无从所知的地方，它的长期影响带有不确定性。更为重要的是，面对同样的事实，人们表现出不同的偏好、价值观和态度，而这一切又并非完全不合情理，我们也没有理由简单地给出评判：哪一方的认知更正确、更重要。那么，如何去处理这种呈现出多重认知差异的环境冲突？究竟通过怎样的途径才能予以缓解和解决？什么样的途径才是合适和有效的途径？

第二节　环境诉讼 VS 环境谈判

环境冲突复杂而棘手，面对环境冲突及其带来的纠纷，有两种具体的正规解决途径可供选择，一个是提起诉讼，另一个是展开谈判和进行调解。由于面临严峻的环境治理形势，中国正在加紧修订和制定相关法律，如修订后在 2015 年 1 月 1 日开始实施的《中华人民共和国环境保护法》，对希望以法律途径来解决环境冲突和纠纷的民众、专家、环保组织给予了一些回应，拓宽了提起环境民事公益诉讼的主体范围。虽然，中国环境立法进程还面临诸多争议③，但以诉讼形式来解决环境冲突仍有其有利之处。因此，许多环保支持者才主张和提倡通过这种形式来实现停止侵害、排除妨害、消除危险等

---

①　ABRAHAM E. A. A system dynamics model for stakeholder analysis in environmental conflicts ［J］. Journal of environmental planning and management, 2012, 55（3）: 387-406.

②　杨长江，垃圾危机 ［C］// 杨东平. 中国环境发展报告（2011）. 北京：社会科学文献出版社，2011：212-214.

③　郄建荣. 2014 年中国环境立法进程 ［C］// 刘鉴强. 中国环境发展报告（2015）. 北京：社会科学文献出版社，2015：62-70.

诉求。

那么，以诉讼形式来解决环境冲突具有哪些优势？第一，诉讼可以提供法定授权。在这种情况下，人们获得法律权威的支持，一个小群体，甚至公民个体（虽然新颁布的《环境保护法》并不支持，但已有成功案例①），得以有可能与大型财团或强大的政府机构进行较量，并且，有时也有取胜机会。诉讼之所以吸引人，也在于其具有强制力，可以强制做出行动。当一方提起诉讼和做出指控，另一方必须应诉和回应。诉讼过程在高度建构的规则下进行，这种规则也为当事者所事先知晓。即使法官无法摆脱政治对其施加的影响，但他们也许是最有能力将这种影响降低到最小程度的群体。第二，诉讼会产生重要影响力。即使在最终是否胜诉还不明朗的情况下，仅仅是提起诉讼都会使被侵害方对实施侵害的一方获得重要优势，虽然这种优势也许是短暂的。在由环境污染造成侵害的案例中，即使污染企业或公司对最后的判决结果有合理的信心，但只要足够理性，如果对方肯撤诉，该企业或公司通常也会选择减少对环境的破坏。第三，诉讼也是教育公众和激发公开讨论的形式之一。通过走进法院来制止污染环境的行为，这样的诉讼案有可能获得社会各界关注，如果经过广泛宣传，也有望促进立法进程，催生更为严格的立法规范。当环境事件进入诉讼程序，对环境质量的抽象关注会变得更为具体，也会增强环境保护的公共信念。环境诉讼是一种公共性实践，体现公共性精神。②

然而，由于其自身特点，诉讼形式有其无法克服的制约。除了公认的成本过高（这其中不仅包括金钱意义上的费用支出，也包括诉讼付出的时间和人力资源成本）③ 之外，更为重要的是，环境诉讼对解决环境冲突中的多重认知差异问题有其固有的限制。第一、从性质上来说，诉讼形式是一种对抗模式。控辩双方在法庭上都将对方看成对手或敌手，一方的胜诉建立在另一

---

① 郑世红．全国首例公民个人提起的环境公益诉讼［C］// 王灿发．中国环境诉讼典型案例与评析：律师版．北京：中国政法大学出版社，2015：259-281.

② 高冠宇，江国华．公共性视野下的环境公益诉讼：一个理论框架的建构［J］．中国地质大学学报（社会科学版），2015（5）：10-15.

③ 王灿发，冯嘉．中国环境诉讼的现状与未来展望［C］// 王灿发．中国环境诉讼典型案例与评析：律师版．北京：中国政法大学出版社，2015：6-7.

方的败诉基础之上，这是零和博弈。一方认真听取另一方陈述的目的，不是
为了倾听和理解，而是为了找到其中的弱点而予以攻击。而复杂的法定程序
也在一定程度上限制了信息的可获取性及其相关讨论，这也限定了法官看待
环境冲突的方式。第二，法庭裁决有着单一焦点，范围相对狭窄。裁决关注
的是权利，关注如果侵害了环境权益，如何进行纠正、惩罚和补偿才是合适
的。这种对权利的聚焦并无不好，只是法庭裁决不可能更多考虑税收、激励
措施、各种补贴、市场调节等相关替代手段可能对解决环境冲突具有的作
用，而这些方面对人们的认知差异（特别是对政策的不同认知）却同样具有
重要的影响。第三，诉讼以事实和程序为导向，无关预防与未来谋划。解决
环境冲突重在预防，这是缓解所有环境难题的最佳选择，而且，环境冲突涉
及很多影响未来的复杂因素，人们对未来的不确定后果持有不同看法和各异
估计，认知差异不仅指向当下，也指向未来。但法院只能就已经发生的事实
进行调查（司法确定事实的过程决定了这会是一个困难重重的事后调查①），
适合纠正过去和正在发生的不公正，而不适合对未来发生的变化给出谋划。
对法庭裁决来说，有关预防和未来规划的意图本身就是陌生的。

　　上述局限是诉讼本身特点和法官权限所致，法院不能篡夺行政决策权
威，这正是环境诉讼面对环境冲突中认知差异的无奈之处。环境诉讼不能对
政策和决定做好坏的判断，只能就是否符合程序来给出裁判。所以，诉讼很
难触及深层的环境决策及其认知差异问题。如果过度依赖法院的特性与司法
制度，往往会带来司法资源浪费或超出其能力所及。② 寻求诉讼形式来解决
环境冲突是法治社会的表现，但环境冲突是否只能或都要依靠环境诉讼来解
决？一个简单的道理是：如果所有环境冲突都在法院走完整个法律程序，法
院系统将处于瘫痪状态。在有组织的社会中，法律并不是唯一的社会调节
器。③ 我们需要一种非诉讼形式，使之与诉讼形式相配合，这种形式能够聚

①　夏锦文，徐英荣. 现实与理想的偏差：论司法的限度 [J]. 中外法学，2004（1）：33-46.
②　考默萨. 法律的限度 [M]. 申卫星，王琦，译. 北京：商务印书馆，2007：2.
③　博登海默. 法理学：法律哲学与法律方法 [M]. 邓正来，译. 北京：中国政法大学出版社，2004：369.

焦于当事者对某一个政策、项目或决定的认知差异和利益纠葛，充分考虑政府、社会、市场等多种影响因素，在规则下寻求共识和达成协议，对未来变化和发展给出规划。而环境谈判（包括调解）正是这种非诉讼形式，或许可以成为解决环境冲突的另一途径。

在国外，如美国，早在 20 世纪已经开始鼓励使用谈判等类似形式来解决环境领域的冲突，由第三方协调当事者就环境问题进行协商，尽可能实现最佳的互惠结果。① 有学者从公共参与、政策制定和规则制定的角度来探讨环境冲突解决中的谈判和调解问题②；有的利用"转化型理论"③，以转化型调解的方式来讨论环境冲突解决中的复杂情况④；还有的专注于结果评价和促成因素⑤，以及这种解决方式所面临的挑战⑥。而在中国，从 2002 年起，国家开始日益重视社会纠纷解决机制的构建，重新强调调解的意义。⑦ 如今面对不断加剧的环境冲突与纠纷，人们主要从行政调解⑧和诉讼调解⑨来探

---

① EMERSON K. （et al.） Environmental conflict resolution：evaluating performance outcomes and contributing factors ［J］. Conflict resolution quarterly，2009，27（1）：27–64.

② THOMAS C.，BEIERLE J. C. Dispute resolution as a method of public participation ［C］// O'LEARY R.，BINGHAM L. B. The promise and performance of environmental conflict resolution. Washington，DC：RFF Press，2003：53–68.

③ ROBERT A.（et al.）The promise of mediation：the transformative approach to conflict ［M］. San Francisco：Jossey–Bass，2005.

④ MARCIA C. C. Intractable conflict ［M］//O'LEARY R.，BINGHAM L. B. The promise and performance of environmental conflict resolution. Washington，DC：RFF Press，2003：90–110.

⑤ EMERSON K.（et al.）Environmental conflict resolution：evaluating performance outcomes and contributing factors ［J］. Conflict resolution quarterly，2009，27（1）：27–64.

⑥ BLACKBURM J. W，. BRUCE W. M. Mediating environmental conflicts：theory and practice ［M］. West，CT：Quorum Books，1995.

⑦ 吴英姿. "大调解"的功能及限度：纠纷解决的制度供给与社会自治 ［J］. 中外法学，2008（2）：309–319.

⑧ 周健宇. 环境纠纷行政调解存在问题及其对策研究 ［J］. 生态经济，2016（1）：201–206.

⑨ 裘实. 两造合意与环境保护的平衡——环境侵权纠纷调解规则的重构 ［M］. 福建法学，2015（1）：3–5.

讨其中的问题与解决机制，也有从博弈论角度来分析环境规制谈判的模型①。
我们要讨论的环境谈判是一种在当事者中进行的非讼谈判。

环境谈判的特点在于：第一，环境谈判是以谋求共识的形式来解决当事者之间的冲突，相对于对抗形式，这种形式表现出一些自身的优势。在当事者自愿条件下进行的环境谈判，就是为了让各方对各自的认知差异有更全面的了解。各方在谈判桌前所展开的讨价还价过程是各方不同想法的直接呈现，由此产生的结果更可能准确反映当事各方的偏好。谈判的处境使拥有不同价值观和实际利益的各方更可能完整表达自己的认识、观点与评价，因为谈判更关注的是如何共同解决问题，而不是维护强制性的法庭秩序。在这里，一种致力于解决共同问题的期望将得到提升。第二，面对面的商谈使各方有更好的条件考虑不同的解决方式和分析由此产生的不同结果，对环境问题的技术与制度维度有更好的理解。在谈判中，不但涉及相关法律，还会涉及对环境科学、环境政策以及相关的行政职能、经济手段和市场条件，甚至对道德、习惯与风俗等也有所关照。这些因素在多个层面构成了认知差异产生的原因，也是利益分歧的根源。对多种因素、方式和结果的全面讨论和商谈，更可能使实质问题得到解决。第三，环境谈判是一种避免环境冲突激化至环境诉讼或暴力冲突的形式，是对可能造成的环境损害的预防手段。最后达成的一致协议会基于环境问题的特点，对未来的变化做出说明，即使之后还会有问题出现，早期的谈判将会提供迅速有效的解决模式。环境谈判不会只注意过去和现在，还会关注未来可能出现的情况，因为环境谈判所促成的协议更像是一个共同决策，而不是一个判例。

环境谈判的好处是具有吸引力的，但作为一种通过达成一致协议来解决环境冲突的形式，它也有弱点。一些弱点内在于共识过程中，而另一些则可以克服。如果一些障碍得到清除或减少，环境谈判的道路会变得更加通畅。其中重要的是：谁应该参与谈判，如何激励人们之间的理解与信任而愿意进行谈判，如何让人们认同通过合作才能解决问题，在什么情况下需要引入第三方调解，如何使协议得到严格遵守。我们接下来的讨论就是对这些难题的

①　姜涛，等. 基于合作博弈的环境规制谈判模型研究［J］. 2011（3X）：17-18.

确认和分析。

第三节 环境谈判的关键：如何开展谈判

无论在私人领域，还是在公共领域，谈判都是解决冲突的基本形式。环境冲突通常带有社会性与公共性，这种冲突未必就会导向暴力行为和群体性事件的发生，环境谈判会为此提供一个缓冲和解决手段。而环境调解基本上可以被看成是需要第三方协助进行的环境谈判。环境谈判通常会涉及多方当事者，要处理认知、观念和利益等多种冲突。为了顺利开展谈判，必须确定谈判的参与者，激发和维持人们的谈判意愿，营造合作氛围以达成共识目标，视情况引入第三方调解，并落实协议要求。这些是环境谈判的关键。

一、确定谁应该参加谈判

在环境谈判中，确定参与谈判的当事方是一件比较困难的事情。例如，对于一个石油化工厂的兴建所引发的环境冲突或纠纷，应该有哪些人可以参加谈判。开发企业很明显是当事方，相关负责的当地政府机构也是当事方，当地民众的生活会受到影响，也应该参与谈判。那么，与这个工厂兴建相关的周边经济实体及其顾客、员工是否也应该参加谈判；如果这个建设也可能影响到外省市的空气、水源等环境条件，是否他们也要有代表参与谈判；基于对自然环境状况的关切，民间环保组织和群体是否也可以坐在谈判桌前；对此感兴趣的大众传媒和专家，是否可以加入谈判。一般来说，那些在结果上有着重要利害关系的当事者应该得到考虑和确认，这其中就包括受所达成协议直接影响的人，成功执行协议所需要的人，以及如果不参与进来就会削弱谈判的人。① 同时，谈判也要为其他公众提供参与机会。但谈判者的数量需要予以限制，谈判桌前的人数越多，谈判越难以协调，彼此的信任越难以

---

① CORMICK G. D. (et al.) Building consensus for a sustainable future：putting principles into practice [M]. Ottawa, Ontario：National Round Table on the Environment and the E-conomy, 1996：23.

建立。必须存在一个准入制度，确认谈判当事方的资格，以及谁能够代表当事方参与谈判。所以，经过筛选后，上面例子中的谈判者可以包括：直接利益相关方代表，如开发企业代表、直接明显受到影响的居民和经济实体代表；负责的政府机构代表；民间环保组织代表（如果基于濒危物种保护、湿地保护、保护区维护等公益目的，可以参与谈判）；调解人（如果引入第三方调解）。谈判进程和阶段性成果应该适时对外公布，举行发布会或听证会，确保其他关注者可以获得相关谈判信息，并有机会提出疑问。解决谁可以成为谈判者，无疑是环境谈判的首要和关键问题。

二、明确激励因素

只有当事各方同意，谈判才能开启。但同意谈判，并不意味着就会达成一致协议。谈判过程由一系列选择所构成，如考虑在什么时间和地点会面，如何设计议程，提出意见的恰当时机，如何对要求进行回应，是否确定可能的解决办法，是否执行全部协议，关系到是继续谈判，还是离开谈判桌的选择。这些选择具有连锁效应，要促动谈判进程，就必须明确其中的激励因素。激励因素也许会被认为就是成本收益问题，尽快开展谈判和达成协议，最能节约成本，可以减少由于冲突继续而产生的成本消耗，也可避免花费更高的解决形式，甚至能使成本转化为收益。但环境谈判的结果并非仅仅取决于金钱，环境谈判的进展更与人类的基本需求相关。谈判立场背后的人的基本需求，如安全感、经济利益、归属感、认同感和生活自主性，不应该被忽略，只要一方认为自己的基本需求得不到满足，谈判就不会取得进展。[①] 在环境谈判中，这些基本需求似乎也与金钱有关，但认可认知差异的存在，换位思考另一方的处境和利益，感受另一方的情感寄托，才是谈判力量的更好体现。谈判中的情绪具有信息传递和激励功能[②]，应尝试去理解自己和对方的情绪。在理解的基础上才能建立信任关系，而谈判的许多好处都来自信任

① 罗杰·费希尔. 谈判力 [M]. 王燕，等译. 北京：中信出版社，2012：47.

② OLEKALNS M.，DRUCKMAN D. With feeling：how emotions shape negotiation [C] // MARTINOVSKY B. Emotion in group decision and negotiation. Berlin：Springer Netherlands，2015：32.

的氛围。不仅要尝试信任别人，也要知道如何让对方信任你。公平对待、理解和信任，以及情感慰藉，是促成人们达成共识的重要因素。

三、合作解决问题

环境谈判之所以具有自身的特点，就在于它是以各方合作的形式来解决环境冲突。它的博弈论根据是非零博弈，而不是零和博弈。环境冲突各方之所以同意谈判，仍旧是主要为了更好地实现自身利益，但重视自己的利益，并不等于置对方利益于不顾。一旦对方发现你在认真考虑他们的利益，他们也会开始重视你的想法，协作的意愿就会增加，而这种意愿是实现最终合作所必需的①。最后达成的协议不是为了实现某一方的利益，而是在各方利益中寻求平衡。环境谈判既为减轻环境风险或污染，也为尽可能降低处置成本；既重视保护环境，也为创造就业与税收。如果最终的结果是，项目不能开工建设，或发生污染，或补偿不被接受，各方都不能从此脱身，没有哪一方完全没有损失，还会带来更多的误解和敌意。创造合作解决问题的氛围，需要找到利益共同点或利益相容性。在谈判时，可以给出多个解决方案以供选择，目的不是一定要找到其中哪一个是正确的方案，而是为谈判打开一个开放的空间，为合作寻求一个共同利益的基础。寻找利益相容性意味着：寻找对你代价最小，对对方好处最大的方案，反之亦然。② 环境谈判的关键就在于通过有效的商谈与沟通，将冲突对抗转化为合作共赢。

四、引入第三方调解

调解是一种推进谈判的方式，介入谈判的第三方既无决策权威，也无权力强加解决办法，但精于调解并不偏不倚，能够协助谈判各方对所有或部分纠纷议题达成自愿、一致同意的决议。③ 以重要谈判经验看，借助调解人来

---

① 托马斯·谢林. 冲突的战略 [M]. 赵华，等译. 北京：华夏出版社，2006：62.

② 罗杰·费希尔. 谈判力 [M]. 王燕，等译. 北京：中信出版社，2012：75.

③ O'LEARY R. (et al.) Assessment and improving conflict resolution in multiparty environmental negotiations [J]. International journal of organization theory and behavior, 2005, 8 (2)：181-209.

开展环境谈判，是实用和明智的选择。调解人对谈判的作用，正是谈判各方不能给予的。调解的基本过程是：调解人确定各层面的问题和各方自己无法达成协议的原因，然后，给出谈判如何继续的建议；如果各方和调解人都同意以引入第三方调解的方式进行谈判，调解人可分别约见谈判各方，探求他们最想保护的利益是什么，以及为保护这些利益希望其他各方做些什么；随后，就是发挥创造力的阶段，针对各层面的问题举行一系列单独或联合会议，讨论和评价尽可能多的解决办法，直到穷尽所有的可选办法；最后，调解人提供协议草案，供谈判各方审查和修改，这种修改会重复下去，直到最终达成协议。所以，环境调解的核心特性就是能够创造性地帮助环境谈判各方找到形成共识与妥协的领域，使各方相向而行，而不是背道而驰，促使他们以新的、分享的视角看待彼此的认知、价值观和关系，从而缓和情绪和改变态度。相对于诉讼和决策过程，环境调解在程序上拥有更多灵活性，调解人具有与环境谈判各方进行私下沟通的行动自由，并可以适时提出实质性解决建议，这是环境谈判成功的基础。调解人必须知道谈判各方的要求、愿望、工作程序、政治局限和行业限制，将各方的提议表述得更加清楚和明确，并容易让彼此接受。例如，由于项目施工产生的噪声污染而引发的环境冲突，居民提出项目施工不能在 20：00-07：00（隔天）进行，而经过调解人转述变为：建议在 07：00-20：00 进行项目施工。调解可以利用调解人的信誉、谈判经验、专业知识、沟通管理能力来发挥影响力，但最终还是要依赖于谈判各方的信赖和满意。

五、对协议的遵守

当各方离开谈判桌后，谈判并没有结束，遵守协议是环境谈判的核心问题。事实上，如果不能确保遵守协议，协议甚至不会得到签署。协议达成与履行协议同时发生，或者，彼此承诺之后同时履行协议，这两种情况相对简单。而复杂的情况是：各方承诺履行协议，但非同时履行。很多时候，环境谈判面临着这种复杂、长期的履约承诺，如水坝、化工厂、垃圾焚烧厂等项目的建设，项目建设的许可在前，而履行环境保护、环境资源分配的承诺在后，并且间隔时间长，这就会给先履行承诺的当事方带来很大风险。为尽可能规避违约风险，需要采用一些必要手段。例如，设立仲裁条款，如果对协议条文的解释出现纠纷，以仲裁方式解决；设立或有条款和第三方管理账户，为今后设置必要的污染控制设施提供资金，并与监控手段配合使用，当发现排放超标，便启动设施的建设活动；设立保证金，提供违约补偿；设立惩罚条款，明确细致说明如何取得罚金。而面对多方履约者，可以建立对各方履约行为的结构性约束，将一个大的协议履行框架，拆分成由多个阶段、多个部分组成的结构形式，由各方交叉执行与行动的步骤构成，每一方的一个阶段的履约行为，都会得到某一方或多方的相应履约行为的回应，"连续违规不仅要招致名誉损失和非正式的制裁，而且很可能要招致法律制裁"①，从而在各方之间建立起持续的履约关系与习惯，保证对协议的遵守。如果能够确保对方履行承诺，你可以与任何人进行谈判。

　　总之，确定谈判的参与者，以及准入和退出条件；发现和调动激励因素，推动谈判积极进行；寻找合作解决问题的方法与方案；适时引入第三方调解，打破僵局；保证对协议的履行，这些都是成功开展环境谈判需要遵循的原则性关键点，直接关系到谈判中实质性结果的取得。尽管环境谈判的过程不能循规蹈矩，协议的达成不会一蹴而就，也不可能从谈判中获得全部好处，但谁也无法忽视："不论双方的相对实力是否悬殊，你如何谈判（以及你如何准备谈判）会对谈判结果产生巨大的影响。"② 即使最终无法达成一致协议，对这些谈判关键点的良好处理，也会为在各方之间建立良好的商谈与合作关系奠定基础。

第四节　使环境谈判常态化

　　在国内，环境谈判还不是一种解决环境冲突的常规形式。人们并不熟悉这种争端解决过程，相对来说，他们更熟悉使用对抗性策略来实现利益。实

---

① 埃莉诺·奥斯特罗姆. 公共事物的治理之道 [M]. 于逊达，等译. 上海：上海译文出版社，2014：150.

② 罗杰·费希尔. 谈判力 [M]. 王燕，等译. 北京：中信出版社，2012：173.

际上，与环境谈判相比，通过直接冲突和对抗来解决环境冲突与纠纷，对相关利益方，无论是公民群体、政府、企业，还是环保组织，都是相对简单的方式，这是最易操作的行动筹划和组织动员。就现在的情况而言，召集人们坐在一起对某个问题进行谈判与协商，找出共同的解决办法，要比直接诉诸直接冲突和对抗困难得多。试想将一群对具体环境问题的各个层面可能都带有不同偏好和优先性考虑的人们，聚在一起理性商谈、寻求共识容易，还是在他们之间激化冲突与争端容易答案显而易见。在中国目前的体制环境下，为使环境谈判成为应对环境冲突的惯常手段，我们必须做出改变，而这种改变主要在于政府。

一、政府主动推行环境谈判

在可预见的未来，环境冲突很可能会伴随有限资源的分配、公共优先权的设定、环境标准的制定和实施等方面继续呈现多发态势。如果想让环境谈判成为可被接受的环境冲突解决形式，政府的支持至关重要。面对环境冲突，政府既是治理主体，也可能成为当事方，应以环境谈判作为首选应对手段，推动谈判规则设计和订立，积极促成各方坐到谈判桌前，展开谈判，并在必要时，帮助引入合适的第三方进行调解。

二、环境保护负责机构的形象重塑和能力延伸

在谈判中，环境保护负责机构是大企业、大公司、地方利益的制衡力量。环境保护负责机构应更新观念，塑造平等的管理者、监督者形象，拓展谈判能力与经验，但在适用环境法规和标准的时候，应体现和维护环境保护的公共性。环境保护负责机构应向各方表明，在不违反环境法规与标准的情况下，会努力在各方之间建立合作关系，寻求各方利益最大化的冲突解决方法，使环境冲突各方预期有所收获或相信可以避免更大损失，否则，他们便不会真心实意地进行谈判。事实上，在某些环境谈判中，调解人可以由来自环境保护负责机构的人员来担任，比起一个来自私人机构的调解人，环境保护负责机构的人员也许更容易赢得信任（如果政府被片面经济利益或私人利益所俘获，则另当别论，但这超出了本书的讨论范畴）。环境保护负责机构

不仅仅是环境违法行为的惩罚者，也应该是环境冲突的协调人，而政府还可以为培养更多的专业环境冲突调解人提供资金支持和认证服务。

三、善用媒体在环境谈判中的作用

整体来说，媒体可以监督和确认谈判信息，可以让局外人知晓自己的利益未被损害或被包含其中，甚至，也可以给予当事方以压力，促使各方最终达成具有公共利益考量的谈判协议。政府机构也许担心由于自己对环境谈判的参与，一旦谈判结果不理想或谈判破裂，政府便会成为众矢之的，而与被管理者进行谈判，也容易招致"幕后交易""利益输送"的怀疑与诟病。在这种情况下，政府可以借助媒体在谈判中的特殊作用，彰明其在谈判中的观点、要求和行动，进行必要的公共宣传与传播。当然，要尊重谈判规则，只对各方同意公开的阶段性信息进行公开，不能使媒体成为谈判中的负面因素。而通信技术在不断发展，最好能够提升新闻媒体在谈判中的作用，而不是削弱它。

四、必要的法治环境和伦理责任约束

当人们拒绝谈判的时候，不是拒绝谈判本身，而是拒绝极易被滥用或非法利用的谈判形式。良好的法治环境是环境谈判得以普遍施行的必要条件，环境谈判需要在法律的庇护下来进行。在环境谈判中，当事方的强弱对比通常十分显著，如果没有法律的威慑，强者与弱者很难坐在谈判桌前开始谈判，而即使展开谈判，这种谈判也会在实质上成为受操纵的胁迫游戏。在某种意义上，环境诉讼制度的发展和完善，将会促进环境谈判的可行性。同时，环境谈判应该受到环境伦理和公共责任的约束。对一般谈判中当事各方的伦理责任做扩大解释也许并不合适，但鉴于环境谈判的公共性影响，即对生态环境、环境资源的影响，谈判各方不能无视环境伦理和公共责任，此种约束将增进谈判协议的公正性和稳定性。

强调政府在环境谈判中的作用，我们试图探讨的是：政府应当在其中担负的责任。环境谈判不能取代环境诉讼，但环境冲突不能仅仅通过环境诉讼来予以解决，负责的行政机构、政策制定者必须要承担解决环境冲突的职

责，具有环境谈判的能力，扫除环境谈判的障碍，应变得适应并习惯于公开的环境谈判活动。在解决环境冲突过程中，环境谈判未必都带有时间和成本优势，但环境谈判的真正长处在于它更有潜力促成那些为相关利益人更易接受并付诸实施的决定。我们将环境诉讼与环境谈判进行对比，不是要在二者之间做优劣选择，或二选一的取舍，而是想要找到能够予以补充或配合的途径，在面对环境冲突的时候，存在更多的解决途径，总比只有一条路可走或走错路要好。也许人们还需要时间来适应环境谈判的形式，来积累环境谈判经验与技巧，但有理由期望以协调合作与共识决策为基础的环境谈判，会为解决环境冲突及其引发的群体性事件贡献更好的实践形式与策略选择。

结　论

　　中国环境群体性冲突在 21 世纪初开始呈现出高发态势，环境群体性事件的增长频率令人关注。西方国家在 20 世纪中叶，遭遇环境运动等新社会运动，其连锁效应巨大。在中国，环境群体性冲突主要以环境群体性事件的形式得以体现，其中涉及社会政治等多层面的复杂因素。虽然，中国环境群体性冲突已延续多年，是一个值得分析的时代现象，但对其社会政治背景因素的思考仍旧不够充分与深入，这是一个有待进一步开掘的重要领域。

　　环境群体性冲突是一种中国本土化的表达方式，其概念界定偏重于固有的权力本位观念，权利本位意识略显不足。在概念中，对事件的负面定性表述违反了中立性规则，徒增质疑和价值贬损。如果力求革除偏见，中立视之，可将环境群体性冲突定义为：由环境问题引发的集体抗争。这个定义中立而笼统，是对环境群体性冲突的概括性认知，为之后的系统研究设定了一个充满弹性的论说起点。而在界定环境群体性冲突的概念时，必须澄清其与环境运动的关系。中国环境群体性冲突呈现出的单一事件性、个体化的群体利益、无涉公共体系、不连续、弱组织或无组织、无社会政治目标等特征，表现出其独有的本土化特点。事实上，没有价值观目标、社会政治诉求，仅仅由个别污染事件驱动而发生的、追求短期利益效果的群体活动，是否能被称为环境运动，值得进一步商榷，并不能将二者等同视之。当然，中国环境群体性冲突与西方环境运动也存有相似之处，可以认为中国出现了环境运动的端倪或迹象，或者将其视作一种准环境运动。

　　中国环境群体性冲突有其复杂的发生逻辑和演化机理，这是一个从环境匮乏开始，到环境冲突，而后引发集体行动，导致环境群体性冲突爆发的因果过程。中国人均环境资源的拥有量处于紧缺和不足状态，人均资源消耗量也在不断攀升，无论从供给和需求，还是从分配制度方面，都造成了环境匮乏的后果。环境匮乏不仅受到可支配自然资源物理特性的限制，也受到技术研发与应用的限制，而更为重要的是受到社会政治因素的制约，包括财富和权力分配模式；社会、政治、经济激励机制；家庭、社区结构；对社会政治秩序的心理认知；历史形成的文化价值传统；形而上的人与自然的关系，等等。这些社会政治因素甚至也会对科技发展和自然资源造成巨大的影响。环境匮乏极大地与社会政治因素综合交错在一起而产生一系列的社会影响，带来民众之间、基层地区之间、民众与地方政府之间长期的、弥漫性的利益冲突，并在资源夺取和生态边缘化过程中愈演愈烈，其中亦隐藏着环境伤害与不公，造成承认、参与、能力等正义关照的缺失，进一步引发剧烈冲突，表现为：基于争夺生存资源或财富资源的冲突，基于身份认同的冲突，基于自我权利维护的冲突等；也可以表述为：中心-边缘冲突，伦理政治冲突，国内移民冲突等。环境退化与破坏是环境冲突发生的诱因，也是环境冲突的导体或载体。但环境匮乏不是环境冲突发生的充分条件，而是一个重要的必要条件，环境冲突的产生是多种因素共同作用的结果，这个作用格局是错综复杂、相互交错的，不是单一因果关系。环境匮乏是诱因，但不是唯一的因素，甚至只是一个催化因素，而不是根本原因。在非线性的因果链条两端是社会政治因素，环境因素则位于因果链条的中间，它催化或引发了传统冲突，最终发生了冲突的"目标替换"。从环境匮乏到社会影响，再到冲突现象，都存在于一个大背景当中，这个背景因素由社会制度、政治体系、经济模式、文化架构、价值观念、偏好取向等构成，这甚至是形成环境冲突的真正源头。

环境冲突发展为集体行动，发生集体环境抗争，就爆发了环境群体性冲突。集体行动一词来自社会学的研究贡献，我们所说的集体行动是指：一种以自组织人群为典型来源的非制度化和低组织化的群体行动。集体行动理论在概念、分类、张力、思想观念、动员、新成员的招募、运动的发展和结果等方面都形成了比较完备的体系，但在中国的环境群体性冲突中，出现了自身的实践特点。环境冲突的群体演化取决于几大关键社会政治因素：环境问题的社会规模性，环境问题的规模性影响导致了环境冲突的规模性，更突出地反映出冲突的群体塑造功能；社会政治机构失调和功能障碍，社会行为和政府活动都带有明显的经济特性，整个体系对环境冲突现象没有适应性调整，环境要求的输入没有得到足够重视，在政策层面也没有有效的约束性作为；损失承受者的集体被剥夺感，损失承受者共同感受到了对他们不公正的环境剥夺，并达成广泛一致的共识，由此激发的不满情绪不断蔓延，对更多的环境受害者和同情者产生动员效应；过于消极的决策观念和处置手段，决策者只看到环境冲突的反社会功能，没有看到它的社会调解作用，压制更容易成为主要的处理手段，激化不满情绪在群体中传播，产生进行集体行动而寻求力量平衡的心理基础；谣言传播和政府公信力弱化，事件的重要性和模糊性导致谣言产生，由于公信力缺失，地方政府无力有效阻止谣言扩展，谣言传播与政府公信力弱化的后果将可能促成各种信息在环境受害者群体中不断流传，不满或激动情绪发生群体感染。这几大关键因素都可能对环境群体性冲突的发生发挥重要影响，但每一个都不可能单独导致集体行动的发生。每一个关键因素都只是引发环境群体性冲突的必要条件，而只有将这些必要条件集中在一起才构成了环境冲突集群演化的充分条件。

同时，在这个过程中，中国环境群体性冲突所表现出的环境自利、扭曲的冲突指向、弱组织化、事件性、去政治化等特点，恰恰是环境抗争群体在不断的社会学习中所获得的成功经验和总结。抗争者更清楚如何借助群体力量来保护自己，也更善于在群体和个体利益上做好计算。而民众之所以能够发起环境抗争的集体行动，在一定程度上意味着处于社会转型期的中国，政治体制更为开放了。而互联网时代所带来的信息流动性成几何倍数增加，客观上催生了逐步开放的社会格局，环境抗争群体显然看到了这种机会结构，并借助于和受益于互联网等信息化手段，发起集体行动，他们绝非乌合之众。总之，从环境退化到环境冲突，再到环境群体性冲突，社会政治因素一个一个地累加、综合作用，最终共同导向集群事件。在整个过程中，这些关键的背景因素从中穿针引线、贯穿始终。

从国家整体的可持续战略角度来看，必须逐渐减少环境群体性冲突爆发的土壤和条件。社会冲突可以充当减压阀的作用，但频繁发生的环境群体性事件，会成为社会、政治和经济的破坏撕裂器，使得社会发展、政治进步和经济创新，以至于环保技术与措施的应用推广无法正常开展。对环境群体性冲突的应对必须注重治理理念的革新与明确，没有主旨深入的理念引导，即使有了一套工作手段，也不能从全局上把握社会政治背景下的环境群体性冲突治理的重点所在。所以，需要从环境观念、政府生态理性、公共领域与环境正义、社会进步与稳定，公共沟通与政府权威几个方面寻求政府与社会治理理念的改变与创新，以利于形成合理的应对架构与机制。

我们讨论的应对架构，主要着重于预防和处置。也就是说，重点分析：在日常的治理工作中，如何减少这种冲突发生的可能性；在冲突发生后，如何使这种冲突得以缓解，尽力降低它的负面效应。实际上，预防绝不仅仅是一个方面或几个方面的内容，这是一个涉及各个领域的综合性预防，需要设计一个综合性指标体系框架来做定期的信息统计，以便达到有效预防的目的。有了一个在地方政府层面对环境群体性冲突进行全方位预防的指标体系，可以更有效地应对环境群体性冲突，但这并不是环境群体性冲突治理的全部，要从社会政治层面更好地形成一套治理架构。在这个治理架构中为预防和处置环境群体性冲突，地方政府一方面通过与社会力量的良性互动，以社会力量来寻求对环境群体性冲突的治理，另一方面，通过当地政府的整合性治理架构来增强环境群体性冲突的治理能力，两方面的治理相叠加，形成一个协同治理的合力，从而至少达成下面三个目标当中的一个，即缓和环境冲突的程度；终止环境冲突向集体行动的转化；降低环境群体性冲突带来的负面影响。而为了使这个合力和目标成为现实，就需要实现环境教育的制度化，环境参与的精细化和环境谈判的常态化，将冲突的社会政治性、理念的逻辑性和架构的整体性合并融合在一起，以三位一体的关键支撑发挥出政府与社会的整合性协同治理架构的作用。

对中国环境群体性冲突的社会政治分析，形成了环境匮乏、环境冲突、环境群体性冲突层层递进与转换的分析理路，在全过程的各层面将社会政治因素作为关键背景条件进行系统讨论，并结合实地调研的案例分析对理论推理进行验证，从而，丰富了该领域的研究视角，加深了该领域的本土学理分析深度，并能够指导相关人员以更高的政策认知水平和治理行为能力来应对充满连锁效应的环境群体性冲突，这是中国在迈向更高发展阶段中必须要予以解决的重要议题，也是中国构建全球治理体系中需要重点思考的关键领域。

参考文献

一、中文文献

1. 丛日云. 西方政治文化传统 [M]. 哈尔滨: 黑龙江人民出版社, 2002.

2. 邓正来, 等. 国家与市民社会 [C]. 北京: 中央编译出版社, 1998.

3. 范恩源, 马东元. 环境教育与可持续发展 [M]. 北京: 北京理工大学出版社, 2004.

4. 郇庆治. 环境政治国际比较 [M]. 济南: 山东大学出版社, 2007.

5. 菅强. 中国突发事件报告 [R]. 北京: 中国时代经济出版社, 2009

6. 李久生. 环境教育论纲 [M]. 南京: 江苏教育出版社, 2005.

7. 梁展. 全球化话语 [C]. 上海: 上海三联书店, 2002.

8. 刘鉴强. 中国环境发展报告 (2013) [C]. 北京: 社会科学文献出版社, 2013.

9. 刘鉴强. 中国环境发展报告 (2014) [C]. 北京: 社会科学文献出版社, 2014.

10. 刘鉴强. 中国环境发展报告 (2015) [C]. 北京: 社会科学文献出版社, 2015.

11. 刘京希. 政治生态论 [M]. 济南: 山东大学出版社, 2007.

12. 卢先福. 党的建设辞典 [Z]. 北京: 中共中央党校出版社, 2009.

13. 屈宝香, 等. 冲突与协调 [M]. 北京: 中国农业科技出版社, 1997.

14. 王灿发. 中国环境诉讼典型案例与评析: 律师版 [C]. 北京: 中国政法大学出版社, 2015.

15. 杨东平. 中国环境发展报告（2011）［C］. 北京：社会科学文献出版社，2011.

16. 杨东平. 中国环境发展报告（2012）［C］. 北京：社会科学文献出版社，2012.

17. 于建嵘. 抗争性政治：中国政治社会学基本问题［M］. 北京：人民出版社，2010.

18. 赵闯. 西方生态政治的理论诉求与构设［M］. 大连：大连海事大学出版社，2010.

19. 赵永康. 环境纠纷案例［C］. 北京：中国环境科学出版社，1989.

20. 中国行政管理学会课题组. 中国群体性突发事件成因及对策［C］. 北京：国家行政学院出版社，2009.

21. 朱海忠. 环境污染与农民环境抗争［M］. 北京：社会科学出版社，2013.

22. 亚里士多德. 政治学［M］. 吴寿彭，译. 北京：商务印书馆，1996.

23. 色诺芬. 回忆苏格拉底［M］. 吴永泉，译. 北京：商务印书馆，1986.

24. 布莱恩·巴克斯特. 生态主义导论［M］. 曾建平，译. 重庆：重庆出版社，2007.

25. 克里斯托弗·卢茨. 西方环境运动：地方、国家和全球向度［C］. 徐凯，译. 济南：山东大学出版社，2005.

26. 克莱夫·庞廷. 绿色世界史：环境与伟大文明的衰落［M］. 王毅，张学广，译. 北京：中国人民出版社，2002.

27. 罗宾·柯林伍德. 自然的观念［M］. 吴国盛，柯映红，译. 北京：华夏出版社，1998.

28. 詹姆斯·奥康纳. 自然的理由——生态学马克思主义研究［M］. 唐正东，臧佩洪，译. 南京：南京大学出版社，2003.

29. 约翰·罗尔斯. 正义论［M］. 何怀宏，等译. 北京：中国社会科学出版社，2001.

30. 边沁. 道德与立法原理导论［M］. 时殷弘，译. 北京：商务印书馆，2005.

31. 彼得·S. 温茨. 环境正义论 [M]. 朱丹琼，宋玉波，译. 上海：上海人民出版社，2007.

32. 戴维·米勒，韦农·波格丹诺. 布莱克维尔政治学百科全书 [Z]. 修订版. 邓正来，译. 北京：中国政法大学，2002：25-26.

33. 丹尼尔·A. 科尔曼. 生态政治：建设一个绿色社会 [M]. 梅俊杰，译. 上海：上海译文出版社，2006.

34. 詹姆斯·博曼. 公共协商：多元主义、复杂性与民主 [M]. 黄相怀，译. 北京：中央编译出版社，2006.

35. W. 菲利普斯·夏夫利. 权力与选择 [M]. 孟维瞻，译. 北京：世界图书出版公司北京公司，2014.

36. 阿玛蒂亚·森. 以自由看待发展 [M]. 任赜，于真，译. 刘民权，刘柳，校. 北京：中国人民大学出版社，2002.

37. 乔纳森·H. 特纳，社会学理论的结构 [M]. 吴曲辉，等译. 杭州：浙江人民出版社. 1987.

38. 蕾切尔·卡逊. 寂静的春天 [M]. 吕瑞兰，李长生，译. 长春：吉林人民出版社，2004.

39. 曼瑟尔·奥尔森. 集体行动的逻辑 [M]. 陈郁，等译. 上海：上海人民出版社，1995.

40. L·科塞. 社会冲突的功能 [M]. 孙立平，等译. 北京：华夏出版社，1989.

41. 加布里埃尔·A. 阿尔蒙德，等. 比较政治学 [M]. 曹沛霖，等译. 上海：上海译文出版社，1987.

42. 戴维·伊斯顿. 政治生活的系统分析 [M]. 王浦劬，等译. 北京：华夏出版社，1998.

43. 塞缪尔·P. 亨廷顿. 变动社会中的政治秩序 [M]. 张岱云，等译. 上海：上海译文出版社，1989.

44. 罗伯特·K. 默顿. 社会理论和社会结构 [M]. 唐少杰，等译. 南京：译林出版社，2008.

45. 奥尔波特，等. 谣言心理学 [M]. 刘水平，等译. 沈阳：辽宁教育出版社，2003.

46. 拉塞尔·哈丁. 群体冲突的逻辑 ［M］. 刘春荣，汤艳文，译. 上海：上海人民出版社，2013.

47. 狄恩·普鲁特，金盛熙. 社会冲突——升级、僵局及解决 ［M］. 王凡妹，译. 北京：人民邮电出版社，2014.

48. 古斯塔夫·勒庞. 乌合之众：大众心理研究 ［M］. 冯克利，译. 桂林：广西师范大学出版社. 2015.

49. 米切尔·罗斯金，等. 政治科学 ［M］. 6 版. 林震，等译. 北京：华夏出版社，2000.

50. 世界发展与环境委员会. 我们共同的未来 ［M］. 王之佳，等译. 长春：吉林人民出版社，1997.

51. 戴维·赫尔德. 民主的模式 ［M］. 燕继荣，等译. 北京：中央编译出版社，1998.

52. 约翰·S. 德雷泽克. 协商民主及其超越：自由与批判的视角 ［M］. 丁开杰，等译. 北京：中央编译出版社，2006.

53. 拉尔夫·达伦多夫. 现代社会冲突 ［M］. 林荣远，译. 北京：中国人民大学出版社，2016.

54. 考默萨. 法律的限度 ［M］. 申卫星，王琦，译. 北京：商务印书馆，2007.

55. 博登海默. 法理学：法律哲学与法律方法 ［M］. 邓正来，译. 北京：中国政法大学出版社，2004.

56. 罗杰·费希尔. 谈判力 ［M］. 王燕，等译. 北京：中信出版社，2012.

57. 托马斯·谢林. 冲突的战略 ［M］. 赵华，等译. 北京：华夏出版社，2006.

58. 埃莉诺·奥斯特罗姆. 公共事物的治理之道 ［M］. 于逊达，等译. 上海：上海译文出版社，2014.

59. 常建，李志行. 韩国环境冲突的历史发展与冲突管理体制研究 ［J］. 南开学报（哲学社会科学版），2016（1）.

60. 陈宝胜. 公共政策过程中的邻避冲突及其治理 ［J］. 学海，2012（5）.

61. 陈宝胜. 国外邻避冲突研究的历史、现状与启示 [J]. 安徽师范大学学报（人文社会科学版），2013（2）.

62. 陈宝胜. 邻避冲突基本理论的反思与重构 [J]. 西南民族大学学报（人文社会科学版），2013（6）.

63. 陈晨. 基于博弈论的邻避设施选址决策模型研究 [J]. 上海城市规划，2016（5）.

64. 陈玲，李利利. 政府决策与邻避运动：公共项目决策中的社会稳定风险触发机制及改进方向 [J]. 公共行政评论，2016（1）.

65. 陈潭，黄金. 群体性事件多种原因的理论阐释 [J]. 政治学研究，2009（6）.

66. 陈涛. 中国的环境抗争——一项文献研究 [J]. 河海大学学报（社会科学版），2014（1）.

67. 陈涛，李素霞. "维稳压力" 与 "去污名化" ——基层政府走向渔民环境抗争对立面的双重机制 [J]. 南京工业大学学报（社会科学版），2014（1）.

68. 66. 陈涛，王兰平. 环境抗争中的怨恨心理研究 [J]. 中国地质大学学报（社会科学版），2015（2）.

69. 陈涛，谢家彪. 混合型抗争：当前农民环境抗争的一个解释框架 [J]. 社会学研究，2016（3）.

70. 陈蔚. 21世纪英国中小学环境教育发展 [J]. 外国中小学教育，2015（9）.

71. 陈晓运，段然. 游走在家园与社会之间：环境抗争中的都市女性——以G市市民反对垃圾焚烧发电厂建设为例 [J]. 开放时代，2011（5）.

72. 陈云. 城市化进程的邻避风险匹配 [J]. 重庆社会科学，2016（7）.

73. 陈占江，包智明. 制度变迁、利益分化与农民环境抗争——以湖南省X市Z地区为个案 [J]. 中央民族大学学报（哲学社会科学版），2013（4）.

74. 程雨燕. 环境群体性事件的特点、原因及其法律对策 [J]. 广东行政学院学报，2007（2）.

75. 崔晶. 从 "后院" 抗争到公众参与——对城市化进程中邻避抗争研究的反思 [J]. 武汉大学学报（哲学社会科学版），2015（5）.

76. 董军, 甄桂. 技术风险视角下的邻避抗争及其环境正义诉求 [J]. 自然辩证法研究, 2015 (5).

77. 董幼鸿."邻避冲突"理论及其对邻避型群体性事件治理的启示 [J]. 上海行政学院学报, 2013 (2).

78. 杜健勋. 交流与协商:邻避风险治理的规范性选择 [J]. 法学评论, 2016 (1).

79. 杜健勋. 论我国邻避风险规制的模式及制度框架 [J]. 现代法学, 2016 (6).

80. 方爱华, 张解放. 环境群体性事件中政府、媒体、民众在微博场域的话语表达——以"余杭中泰垃圾焚烧事件"为例 [J]. 科普研究, 2015 (3).

81. 冯凌, 成升魁. 可持续发展的历史争论与研究展望 [J]. 中国人口·资源与环境, 2008 (2).

82. 冯仕政. 沉默的大多数:差序格局与环境抗争 [J]. 中国人民大学学报, 2007 (1).

83. 付军, 陈瑶. PX 项目环境群体性事件成因分析及对策研究 [J]. 环境保护, 2015 (16).

84. 高冠宇, 江国华. 公共性视野下的环境公益诉讼:一个理论框架的建构 [J]. 中国地质大学学报 (社会科学版), 2015 (5).

85. 高军波, 等. 超越困境:转型期中国城市邻避设施供给模式重构——基于番禺垃圾焚烧发电厂选址反思 [J]. 中国软科学, 2016 (1).

86. 高新宇."中国式"邻避运动:一项文献研究 [J]. 南京工业大学学报 (社会科学版), 2015 (4).

87. 管在高. 邻避型群体性事件产生的原因及预防对策 [J]. 管理学刊, 2010 (6).

88. 郭红欣. 论环境公共决策中风险沟通的法律实现——以预防型环境群体性事件为视角 [J]. 中国人口资源与环境, 2016 (6).

89. 郭倩. 生态文明视阈下环境集体抗争的法律规制 [J]. 河北法学, 2014 (2).

90. 郝卫全. 对"环境教育"概念的揭示与辨析 [J]. 陕西师范大学学报

（哲学社会科学版），2004（6）.

91. 何艳玲."邻避冲突"及其解决：基于一次城市集体抗争的分析[J].公共管理研究，2006（4）.

92. 何艳玲."中国式"邻避冲突：基于事件的分析[J].开放时代，2009（6）.

93. 何艳玲.从"不怕"到"我怕"："一般人群"在邻避冲突中如何形成抗争动机[J].学术研究，2012（5）.

94. 何艳玲.对"别在我家后院"的制度化回应探析——城镇化中的"邻避冲突"与"环境正义"[J].人民论坛学术前沿，2014（6）.

95. 侯光辉，王元地.邻避危机何以愈演愈烈——一个整合性归因模型[J].公共管理学报，2014（3）.

96. 侯光辉，王元地."邻避风险链"：邻避危机演化的一个风险解释框架[J].公共行政评论，2015（1）.

97. 侯光辉，等.公众参与悖论与空间权博弈——重视邻避冲突背后的权利逻辑[J].吉首大学学报（社会科学版），2017（1）.

98. 侯璐璐，刘云刚.公共设施选址的邻避效应及其公众参与——以广州市番禺区垃圾焚烧厂选址事件为例[J].城市规划学刊，2014（5）.

99. 胡鞍钢.中国经济发展大趋势[J].人民论坛，2017（5）.

100. 胡美灵，肖建华.农村环境群体性事件与治理——对农民抗议环境污染群体性事件的解读[J].求索，2008（6）.

101. 胡象明，等.政府行为对居民邻避情结的影响——以北京六里屯垃圾填埋场为例[J].行政科学论坛，2014（6）.

102. 华启和.邻避冲突的环境正义考量[J].中州学刊，2014（10）.

103. 华智亚.风险沟通与风险型环境群体性事件的应对[J].人文杂志，2014（5）.

104. 黄振威.城市邻避设施建造决策中的公众参与[J].湖南城市学院学报，2014（1）.

105. 黄振威.半公众参与决策模式——应对邻避冲突的政府策略[J].湖南大学学报（社会科学版），2015（4）.

106. 黄锡生，张菱芷. 中国环境教育现状及对策探析 [J]. 重庆大学学报（社会科学版），2005（4）.

107. 黄岩，文锦. 邻避设施与邻避运动 [J]. 城市问题，2010（12）.

108. 黄有亮，等. "邻避" 困局下的大型工程规划设计决策审视 [J]. 现代管理科学，2012（10）.

109. 黄宇. 中国环境教育的发展与方向 [J]. 环境教育，2003（2）.

110. 黄之栋，黄瑞祺. 环境正义之经济分析的重构：经济典范的盲点及其超克——环境正义面面观之四 [J]. 鄱阳湖学刊，2011（1）.

111. 姜涛，等. 基于合作博弈的环境规制谈判模型研究 [J]. 2011（3X）.

112. 景军. 认知与自觉：一个西北乡村的环境抗争 [J]. 中国农业大学学报（社会科学版），2009（4）.

113. 郎友兴，薛晓婧. "私民社会"：解释中国式 "邻避" 运动的新框架 [J]. 探索与争鸣，2015（12）.

114. 雷秀雅，等. 从国际模式看我国的环境教育现状与展望 [J]. 环境保护，2013（13）.

115. 李昌凤. 当前环境群体性事件的发展态势及其化解的法治路径 [J]. 行政与法，2014，（5）.

116. 李晨璐，赵旭东. 群体性事件中的原始抵抗——以浙东海村环境抗争事件为例 [J]. 社会，2012（5）.

117. 李春雷，舒瑾涵. 环境传播下群体性事件中新媒体动员机制研究——基于昆明 PX 事件的实地调研 [J]. 当代传播，2015（1）.

118. 李春雷，凌国卿. 环境群体性事件中微社群的动员机制研究——基于昆明 PX 事件的实地调研 [J]. 现代传播，2015（6）.

119. 李德营. 邻避冲突与中国的环境矛盾——基于对环境矛盾产生根源及城乡差异的分析 [J]. 南京农业大学学报（社会科学版），2015（1）.

120. 李汉卿，王文倩. 地方政府公司化：环境群体性事件生发的体制解释——基于启东事件的考察 [J]. 中共杭州市委党校学报，2017，（2）.

121. 李杰，朱珊珊. "邻避事件" 公众参与的影响因素 [J]. 重庆社会科学，2017（2）.

122. 李佩菊. 1990 年代以来邻避运动研究现状述评 [J]. 江苏社会科学, 2016 (1).

123. 李启家. 环境法领域利益冲突的识别与衡平 [J]. 法学评论, 2015 (6).

124. 李强. 可持续发展概念的演变及其内涵 [J]. 生态经济, 2011 (7).

125. 李小敏, 胡象明. 邻避现象原因新析——风险认知与公众信任的视角 [J]. 中国行政管理, 2015 (3).

126. 李永正, 王李霞. 邻避型群体性事件实例分析 [J]. 人民论坛: 中旬刊, 2014 (2).

127. 李宇环. 邻避事件治理中的政府注意力配置与议题识别 [J]. 中国行政管理, 2016 (9).

128. 李云新, 刘春芳. 国内邻避冲突问题研究的回顾与展望——以 CSSCI 数据库文献为分析样本 [J]. 武汉理工大学学报 (社会科学版), 2016 (2).

129. 李照作. 邻避冲突及其对社会管理的启示 [J]. 郑州大学学报 (哲学社会科学版), 2013 (6).

130. 梁枫, 任荣明. 经济、环境与社会稳定——基于群体性事件的实证研究 [J]. 生态经济, 2017 (2).

131. 林巍. 环境冲突分析及其应用——公共设施选址问题的分析与处理 [J]. 环境科学, 1995 (6).

132. 林巍. 环境冲突的分析与处理——兼谈处理社会矛盾的一种新思路 [J]. 科技导报, 1995 (7).

133. 刘冰. 邻避设施选址的公众态度及其影响因素研究 [J]. 南京社会科学, 2015 (12).

134. 刘冰. 风险、信任与程序公正: 邻避态度的影响因素及路径分析 [J]. 西南民族大学学报 (人文社会科学版), 2016 (9).

135. 刘超, 杨娇. 协商民主视角下的邻避冲突治理 [J]. 吉首大学学报 (社会科学版), 2015 (3).

136. 刘超, 吴诗滢. 影响居民参与邻避抗议的认知因素分析 [J]. 湖南财政经济学院学报, 2016 (2).

137. 刘超. 城市邻避冲突的协商治理——基于湖南湘潭九华垃圾焚烧厂事件的实证研究 [J]. 吉首大学学报（社会科学版），2016（5）.

138. 刘尔思，周伟. 直接投资、环境冲突及其协同干预机制研究——来自中国的实证数据 [J]. 云南财经大学学报，2016（4）.

139. 刘德海. 环境污染群体性突发事件的协同演化机制——基于信息传播和权利博弈的视角 [J]. 公共管理学报，2013（4）.

140. 刘德海，陈静峰. 环境群体性事件"信息-权利"协同演化的仿真分析 [J]. 系统工程理论与实践，2014（12）.

141. 刘德海，韩呈军. 环境污染群体性事件的扩展式演化博弈模型 [J]. 电子科技大学学报（社科版），2015（5）.

142. 刘刚，李德刚. 环境群体性事件治理过程中政府环境责任分析 [J]. 学术交流，2016（9）.

143. 刘海龙. 环境正义视域中的邻避及其治理之道 [J]. 广西师范大学学报（哲学社会科学版），2015（6）.

144. 刘海龙. 环境正义视角下邻避治理的反思与前瞻 [J]. 前沿，2016（1）.

145. 刘海龙. 环境正义视角下邻避治理模式的重构 [J]. 南京林业大学学报（人文社会科学版），2016（1）.

146. 刘海霞. 我国环境群体性事件及其治理策略探析 [J]. 山东科技大学学报（社会科学版），2015（5）.

147. 刘杰，刘德海. 环境污染群体性事件基于讨价还价的动态博弈网络技术模型 [J]. 中国人口资源与环境，2016（5）.

148. 刘金全，魏玉嫔. 环境污染群体性事件的信息传播 Kermack-Mckendrick 模型 [J]. 电子科技大学学报（社科版），2015（5）.

149. 刘晶晶. 空间正义视角下的邻避设施选址困境与出路 [J]. 领导科学，2013（1Z）.

150. 刘莉. 邻避冲突中环境利益衡平的法治进路 [J]. 法学论坛，2015（6）.

151. 刘仁春，等. 协商民主视阈下公共决策"公共性"的实现——基于转型期我国邻避冲突的考察 [J]. 广西师范大学学报（哲学社会科学版），2014 (5).

152. 刘细良，刘秀秀. 基于政府公信力的环境群体性事件成因及对策分析 [J]. 中国管理科学，2013 (11).

153. 刘小峰. 邻避设施的选址与环境补偿研究 [J]. 中国人口资源与环境，2013 (12).

154. 刘小峰. 城市居民对邻避设施的风险认知与补偿意愿——石化工业区周边居民调查数据的分析 [J]. 城市问题，2015 (9).

155. 刘晓亮，张广利. 从环境风险到群体性事件——一种"风险的社会放大"现象解析 [J]. 湖北社会科学，2013 (12).

156. 刘小魏，姚德超. 新公民参与运动背景下地方政府公共决策的困境与挑战——兼论"邻避"情绪及其治理 [J]. 武汉大学学报（哲学社会科学版），2014 (4).

157. 刘岩，邱家林. 转型社会的环境风险群体性事件及风险冲突 [J]. 社会科学战线，2013 (9).

158. 罗亚娟. 乡村工业污染中的环境抗争——东井村个案研究 [J]. 学海，2010 (2).

159. 罗亚娟. 差序礼义：农民环境抗争行动的结构分析及乡土意义解读——沙岗村个案研究 [J]. 中国农业大学学报（社会科学版），2015 (4).

160. 卢阳旭，等. 重大工程项目建设中的"邻避"事件：形成机制与治理对策 [J]. 北京行政学院学报，2014 (4).

161. 吕书鹏，王琼. 地方政府邻避项目决策困境与出路——基于"风险-利益"感知的视角 [J]. 中国行政管理，2017 (4).

162. 马奔，李婷. 协商式民意调查：邻避设施选址决策中的公民参与协商方式 [J]. 新视野，2015 (4).

163. 马奔，李继朋. 我国邻避效应的解读——基于定性比较分析法的研究 [J]. 上海行政学院学报，2015 (5).

164. 马奔. 邻避设施选址规划中的协商式治理与决策——从天津港危险品仓库爆炸事故谈起 [J]. 南京社会科学，2015 (12).

165. 马奔, 李珍珍. 邻避设施选址中的公民参与——基于 J 市的案例研究 [J]. 华南师范大学学报 (社会科学版), 2016 (2).

166. 马庆国, 邓峰. 环境资源保护的利益冲突及协调 [J]. 软科学, 1998 (2).

167. 穆从如, 等. 环境冲突分析研究及其地理学内涵 [J]. 地理学报 (增刊), 1998 (12).

168. 彭妮娅. 环境教育现状分析 [J]. 环境教育, 2017 (4).

169. 彭清燕. 环境群体性事件司法治理的模式评判与法理创新 [J]. 法学评论, 2013 (5).

170. 彭小兵, 周明玉. 环境群体性事件产生的心理机制及其防治——基于社会工作组织参与的视角 [J]. 社会工作, 2014 (4).

171. 彭小兵, 杨东伟. 防治环境群体性事件中的政府购买社会工作服务研究 [J]. 社会工作, 2014 (6).

172. 彭小兵, 朱沁怡. 邻避效应向环境群体性事件转化的机理研究——以四川什邡事件为例 [J]. 上海行政学院学报, 2014 (6).

173. 彭小兵. 环境群体性事件的治理——借力社会组织 "诉求-承接" 的视角 [J]. 社会科学家, 2016 (4).

174. 彭小兵, 谢文昌. 社会工作介入环境群体性事件预防的机制与路径——基于大数据视角 [J]. 社会工作, 2016 (4).

175. 彭小兵, 涂君如. 中国式财政分权与环境污染——环境群体性事件的经济根源 [J]. 重庆大学学报 (社会科学版), 2016 (6).

176. 彭小兵, 谭志恒. 信任机制与环境群体性事件的合作治理 [J]. 理论探讨, 2017 (1).

177. 彭小兵, 谢虹. 应对信息洪流: 邻避效应向环境群体性事件转化的机理及治理 [J]. 情报科学, 2017 (2).

178. 彭小兵, 喻嘉. 环境群体性事件的政策网络分析——以江苏启东事件为例 [J]. 国家行政学院学报, 2017 (3).

179. 彭小兵, 邹晓韵. 邻避效应向环境群体性事件演化的网络舆情传播机制——基于宁波镇海反 PX 事件的研究 [J]. 情报杂志, 2017 (4).

180. 彭小霞. 从压制到回应：环境群体性事件的政府治理模式研究 [J]. 广西社会科学，2014（8）.

181. 普胤杰，龙水秀. 环境群体性事件博弈中的地方政府策略研究——从纳什均衡到帕累托最优 [J]. 广西师范学院学报（哲学社会科学版），2015（5）.

182. 覃冰玉. 中国式生态政治：基于近年来环境群体性事件的分析 [J]. 东北大学学报（社会科学版），2015（5）.

183. 丘明红，匡自明. 邻避冲突治理逻辑转换与民主模式建构 [J]. 哈尔滨工业大学学报（社会科学版），2016（6）.

184. 裘实. 两造合意与环境保护的平衡——环境侵权纠纷调解规则的重构 [M]. 福建法学，2015（1）.

185. 任丙强. 农村环境抗争事件与地方政府治理危机 [J]. 国家行政学院学报，2011（5）.

186. 任丙强. 网络、"弱组织"社区与环境抗争 [J]. 河南师范大学学报（哲学社会科学版），2013（3）.

187. 任丙强，晏简. 城市邻避冲突：行动者策略模型的构建与阐释 [J]. 河南社会科学，2015（3）.

188. 任峰. 农村邻避型环境群体性事件引入行政诉讼禁令判决的分析 [J]. 中国农业大学学报（社会科学版），2016（6）.

189. 任卓冉. 现代新型纠纷：预防性环境群体性纠纷的防范与对策 [J]. 理论与改革，2015（4）.

190. 任卓冉. 合作解决预防性环境群体性纠纷模式分析 [J]. 河南大学学报（社会科学版），2015（6）.

191. 荣婷，谢耘耕. 环境群体性事件的发生、传播与应对——基于2003—2014年150起中国重大环境群体事件的实证分析 [J]. 新闻记者，2015（6）.

192. 商磊. 由环境问题引起的群体性事件发生成因及解决路径 [J]. 首都师范大学学报（社会科学版），2009（5）.

193. 沈焱，等. 经济补偿与部署警力：环境污染群体性事件应急处置的

优化模型 [J]. 管理评论，2016（8）.

194. 沈毅，刘俊雅."韧武器抗争"与"差序政府信任"的解构——以 H 村机场噪音环境抗争为个案 [J]. 南京农业大学学报（社会科学版），2017（3）.

195. 沈一兵. 从环境风险到社会危机的演化机理及其治理对策——以我国十起典型环境群体性事件为例 [J]. 华东理工大学学报（社会科学版），2015（6）.

196. 司开玲. 农民环境抗争中的"审判性真理"与证据显示——基于东村农民环境诉讼的人类学研究 [J]. 开放时代，2011（8）.

197. 宋广文，董存妮. 社会媒体、说服传播与环境群体性事件——对 PX 事件的社会心理学分析 [J]. 华南理工大学学报（社会科学版），2017（1）.

198. 孙文中. 一个村庄的环境维权——基于转型抗争的视角 [J]. 中国农村观察，2014（5）.

199. 孙旭友. 邻避冲突治理：权利困境及其超越 [J]. 吉首大学学报（社会科学版），2016（2）.

200. 孙瑶，等. 走出社区对基本生态控制线的"邻避"困局——以深圳市基本生态控制线实施为例 [J]. 城市发展研究，2014（11）.

201. 孙作玉，等. 褐色土地利益相关者的环境冲突及其解决途径初探 [J]. 环境科学与管理，2009（10）.

202. 陶鹏，童星. 邻避型群体性事件及其治理 [J]. 南京社会科学，2010（8）.

203. 谭爽. 邻避项目社会稳定风险的生成及防范——基于焦虑心理的视角 [J]. 北京航空航天大学学报（社会科学版），2013（3）.

204. 谭爽，胡象明. 邻避型社会稳定风险中风险认知的预测作用及其调控——以核电站为例 [J]. 武汉大学学报（哲学社会科学版），2013（5）.

205. 谭爽. 邻避项目社会稳定风险的生成与防范——以"彭泽核电站争议"事件为例 [J]. 北京交通大学学报（社会科学版），2014（4）.

206. 谭爽，胡象明. 环境污染型邻避冲突管理中的政府职能缺失与对策分析 [J]. 北京社会科学，2014（5）.

207. 谭爽，胡象明. 公民性视域下我国邻避冲突的生成机理探析——基于 10 起典型案例的考察 [J]. 武汉大学学报（哲学社会科学版），2015（5）.

208. 谭爽，胡象明. 邻避运动与环境公民的培育——基于 A 垃圾焚烧厂反建事件的个案研究 [J]. 中国地质大学学报（社会科学版），2016（5）.

209. 谭爽. 邻避运动与环境公民社会建构——一项"后传式"的跨案例研究 [J]. 公共管理学报，2017（2）.

210. 唐国建，吴娜. 蓬莱 19-3 溢油事件中渔民环境抗争的路径分析 [J]. 南京工业大学学报（社会科学版），2014（1）.

211. 汤汇浩. 邻避效应：公益性项目的补偿机制与公民参与 [J]. 中国行政管理，2011（7）.

212. 汤志伟，等. 媒介化抗争视阈下中国邻避运动的定性比较分析 [J]. 广东行政学院学报，2016（6）.

213. 滕亚为，康勇. 公私合作治理模式视域下邻避冲突的破局之道 [J]. 探索，2015（1）.

214. 田丽. 从政治认同的角度探究环境群体性事件的原因与防范 [J]. 前沿，2014（9）.

215. 田亮，郭佳佳. 城市化进程中的地方政府角色与"邻避冲突"治理 [J]. 同济大学学报（社会科学版），2016（5）.

216. 田鹏，陈绍军. 邻避风险的运作机制研究 [J]. 河海大学学报（哲学社会科学版），2015（6）.

217. 田青，等. 中国环境教育研究的历史与未来趋势分析 [J]. 中国人口·资源与环境，2007（1）.

218. 田艳芳. 财政分权、政治晋升与环境冲突——基于省级空间面板数据的实证检验 [J]. 华中科技大学学报（社会科学版），2015（4）.

219. 田友谊，李婧玮. 中国环境教育四十年：历程、困境与对策 [J]. 江汉学术，2016（6）.

220. 童志锋. 历程与特点：社会转型期下的环境抗争研究 [J]. 甘肃理论学刊，2008（6）.

221. 童志锋. 认同建构与农民集体行动——以环境抗争事件为例 [J].

中共杭州市委党校学报, 2011 (1).

222. 童志锋. 政治机会结构变迁与农村集体行动的生成——基于环境抗争的研究 [J]. 理论月刊, 2013 (3).

223. 童志锋. 变动的环境组织模式与发展的环境运动网络——对福建省 P 县一起环境抗争运动的分析 [J]. 南京工业大学学报（社会科学版）, 2014 (1).

224. 涂一荣, 魏来. "邻避" 研究的概念谱系与理论逻辑——文献梳理和框架建构 [J]. 社会主义研究, 2017 (2).

225. 王伯承. 邻避项目社会稳定风险的制度归因: 路径与后果 [J]. 地方治理研究, 2017 (2).

226. 王彩波, 张磊. 试析邻避冲突对政府的挑战——以环境正义为视角的分析 [J]. 社会科学战线, 2012 (8).

227. 王佃利, 徐晴晴. 邻避冲突的属性分析与治理之道——基于邻避研究综述的分析 [J]. 中国行政管理, 2012 (12).

228. 王佃利, 王庆歌. 风险社会邻避困境的化解: 以共识会议实现公民有效参与 [J]. 理论探讨, 2015 (5).

229. 王佃利, 邢玉立. 空间正义与邻避冲突的化解——基于空间生产理论的视角 [J]. 理论探讨, 2016 (5).

230. 王佃利, 等. "应得" 正义观: 分配正义视角下邻避风险的化解思路 [J]. 山东社会科学, 2017 (3).

231. 王佃利, 等. 从 "邻避管控" 到 "邻避治理" 中国邻避问题治理路径转型 [J]. 中国行政管理, 2017 (5).

232. 王锋, 等. 焦虑情绪、风险认知与邻避冲突的实证研究——以北京垃圾填埋场为例 [J]. 北京理工大学学报（社会科学版）, 2014 (6).

233. 王刚, 宋锴业. 邻避研究的中国图景: 划界、向度与展望 [J]. 中国矿业大学学报（社会科学版）, 2016 (5).

234. 王涵. 邻避运动视角下的城市社区治理研究 [J]. 管理观察, 2014 (31).

235. 王奎明, 等. "中国式" 邻避运动影响因素探析 [J]. 江淮论坛,

2013（3）.

236. 王全权，陈相雨.网络赋权与环境抗争［J］.江海学刊，2013（4）.

237. 王顺，包存宽.城市邻避设施规划决策的公众参与研究——基于参与兴趣、介入时机和行动尺度的分析［J］.城市发展研究，2015（7）.

238. 汪伟全.风险放大、集体行动和政策博弈——环境类群体事件暴力抗争的演化路径研究［J］.公共管理学报，2015（1）.

239. 王燕津."环境教育"概念演进的探寻与透析［J］.比较教育研究，2003（1）.

240. 王莹，俞使超.邻避效应治理中补偿机制的建立与完善［J］.浙江理工大学学报（社会科学版），2017（3）.

241. 王玉明.暴力环境群体性事件的成因分析——基于对十起典型环境冲突事件的研究［J］.四川行政学院学报，2012（3）.

242. 王云霞.环境正义与环境主义：绿色运动中的冲突与融合［J］.南开学报（哲学社会科学版），2015（2）.

243. 魏娜，韩芳.邻避冲突中的新公民参与：基于框架建构的过程［J］.浙江大学学报（人文社会科学版），2015（4）.

244. 吴翠丽.邻避风险的治理困境与协商化解［J］.城市问题，2014（2）.

245. 吴满昌.公众参与环境影响评价机制研究——对典型环境群体性事件的反思［J］.昆明理工大学学报（社会科学版），2013（4）.

246. 吴新慧.农村环境受损群体及其抗争行为分析——基于风险社会的视角［J］.杭州电子科技大学学报（社会科学版），2009（3）.

247. 吴学忠.中美高等教育评估机制的比较及其对我国的启示［J］.教育探索，2010（4）.

248. 吴阳熙.我国环境抗争的发生逻辑——以政治机会结构为视角［J］.湖北社会科学，2015（3）.

249. 吴英姿."大调解"的功能及限度：纠纷解决的制度供给与社会自治［J］.中外法学，2008（2）.

250. 吴云清，等.邻避设施国内外研究进展［J］.人文地理，2012（6）.

251. 吴真. 环境冲突的协商解决机制分析 [J]. 长白学刊, 2014 (4).

252. 夏锦文, 徐英荣. 现实与理想的偏差: 论司法的限度 [J]. 中外法学, 2004 (1).

253. 夏志强, 罗书川. 我国"邻避冲突"研究 (2007—2014) 评析 [J]. 探索, 2015 (3).

254. 夏志强, 罗书川. 分歧与演化: 邻避冲突的博弈分析 [J]. 新视野, 2015 (5).

255. 熊易寒, 市场"脱嵌"与环境冲突 [J]. 读书, 2007 (9).

256. 徐谷波, 蒋长流. 邻避困境的反思与解决——基于公平伦理与政策理性的双重考量 [J]. 江西社会科学, 2015 (2).

257. 闫国东, 等. 中国公众环境意识的变化趋势 [J]. 中国人口·资源与环境, 2010 (10).

258. 晏永刚, 等. 污染型邻避设施规划中公众参与行为的演化博弈分析 [J]. 城市发展研究, 2017 (2).

259. 晏永刚, 等. 污染型邻避设施规划建设中引发邻避冲突的影响因素及对策机制研究述评 [J]. 科技管理研究, 2017 (9).

260. 杨芳. 邻避运动治理: 台湾地区的经验和启示 [J]. 广州大学学报 (社会科学版), 2015 (8).

261. 杨槿, 朱竑. "邻避主义"的特征及影响因素研究——以番禺垃圾焚烧发电厂为例 [J]. 世界地理研究, 2013 (1).

262. 杨勤业, 等. 黄河北干流晋陕蒙接壤地区环境冲突分析研究 [J]. 地理科学进展, 1999 (3).

263. 杨拓. 邻避冲突主体间认知差异评估框架与建构方法——基于模糊德尔菲法的综合运用 [J]. 北京航空航天大学学报 (社会科学版), 2015 (2).

264. 杨秀美, 等. 贵州喀斯特地区农村环境保护与经济发展冲突及对策 [J]. 贵州农业科学, 2009 (5).

265. 杨雪锋, 章天成. 环境邻避风险: 理论内涵、动力机制与治理路径 [J]. 国外理论动态, 2016 (8).

266. 杨志军, 张鹏举. 环境抗争与政策变迁——一个整合性的文献综述 [J]. 甘肃行政学院学报, 2014 (5).

267. 杨志军. 环境抗争引发非常规政策变迁的历史制度主义分析 [J]. 武汉科技大学学报 (社会科学版), 2017 (3).

268. 尹文嘉. 环境群体性事件的演化机理分析 [J]. 行政论坛, 2015 (2).

269. 余光辉, 等. 我国环境群体性事件预警指标体系及预警模型研究 [J]. 情报杂志, 2013 (7).

270. 俞海山. 邻避冲突的正义性分析 [J]. 江汉论坛, 2015 (5).

271. 于建嵘. 当前农村环境污染冲突的主要特征及对策 [J]. 世界环境, 2008 (1).

272. 虞铭明, 朱德米. 环境群体性事件的网络舆情扩散动力学机制分析——以"昆明 PX 事件"为例 [J]. 情报杂志, 2015 (8).

273. 余茜. 环境群体性事件的成因及应对之策——基于政府回应性视域 [J]. 成都行政学院学报, 2012 (6).

274. 余茜. 政府回应性视域中环境群体性事件成因及对策 [J]. 陕西行政学院学报, 2013 (2).

275. 原珂. 邻避冲突及治理之策: 以垃圾焚烧事件为例 [J]. 学习论坛, 2016 (11).

276. 曾繁旭, 等. 媒介运用与环境抗争的政治机会——以反核事件为例 [J]. 中国地质大学学报 (社会科学版), 2014 (4).

277. 张广利, 王伯承. 邻避项目社会稳定风险的认知塑造: 建构与反思 [J]. 社会建设, 2017 (2).

278. 张国磊. 府际博弈、草根动员与"反邻避"效应——基于国内"高铁争夺战"分析 [J]. 北京社会科学, 2017 (7).

279. 张金俊. 农村环境群体性事件的社会约制因素研究 [J]. 长春工业大学学报 (社会科学版), 2013 (2).

280. 张金俊. 农民从环境抗争到集体沉默的"社会-心理"机制研究 [J]. 南京工业大学学报 (社会科学版), 2016 (3).

281. 张金俊，王文娟. 国内农民环境抗争的社会学研究与反思 [J]. 中国矿业大学学报（社会科学版），2017（2）.

282. 张金俊，王文娟. 青年草根行动者污名化的生成机制与放大效应——以农村环境抗争为例 [J]. 中国青年研究，2017（3）.

283. 张劲松. 邻避型环境群体性事件的政府治理 [J]. 理论探讨，2014（5）.

284. 张乐，童星. 公众的"核邻避情结"及其影响因素分析 [J]. 社会科学研究，2014（1）.

285. 张乐，童星."邻避"设施决策"环评"与"稳评"的关系辨析及政策衔接 [J]. 思想战线，2015（6）.

286. 张乐，童星. 重大"邻避"设施决策社会稳定风险评估的现实困境与政策建议——来自 S 省的调研与分析 [J]. 四川大学学报（哲学社会科学版），2016（3）.

287. 张乐，童星."邻避"冲突中的社会学习——基于 7 个 PX 项目的案例比较 [J]. 学术界，2016（8）.

288. 张磊，王彩波. 从环境群体性事件看中国地方政府的环保困境 [J]. 天津行政学院学报，2014（2）.

289. 张萍，杨祖婵. 近十年来我国环境群体性事件的特征简析 [J]. 中国地质大学学报（社会科学版），2015（2）.

290. 张润昊. 环境保护视角的权利冲突——兼论生态效益补偿的法理基础 [J]. 重庆教育学院学报，2005（7）.

291. 张诗晨，廖秀健. 重大决策社会稳定风险评估机制反思与完善——基于 30 起环境群体性事件的实证分析 [J]. 电子政务，2017（4）.

292. 张曦分，王书明. 邻避运动与环境问题的社会建构——基于 D 市 LS 小区的个案分析 [J]. 兰州学刊，2014（7）.

293. 张向和，彭绪亚. 垃圾处理设施的邻避特征及其社会冲突的解决机制 [J]. 求实，2010（2）.

294. 张孝廷. 环境污染、集体抗争与行动机制——以长三角地区为例 [J]. 甘肃理论学刊，2013（2）.

295. 张新文，张国磊. 预防式环境群体性事件发生原因探究 [J]. 长白学刊，2013 (6).

296. 张绪清. 环境冲突与利益表达——乌蒙山矿区农民"日常抵抗"问题探析 [J]. 贵州师范大学学报（社会科学版），2016 (2).

297. 张有富. 论环境群体性事件的主要诱因及其化解 [J]. 传承，2010 (11).

298. 张玉林. 政经一体化开发机制与中国农村的环境冲突 [J]. 探索与争鸣，2006 (5).

299. 张玉林. 环境抗争的中国经验 [J]. 学海，2010 (2).

300. 赵闯. 环境与政治的现实联姻 [J]. 大连海事大学学报（社会科学版），2009 (1).

301. 赵闯，等. 生态政治背景下的整体主义价值观念探析 [J]. 云南行政学院学报，2011 (6).

302. 赵闯，秦龙. 西方自然价值观念的历史流变与时代挑战 [J]. 烟台大学学报（哲学社会科学版），2014 (3).

303. 赵闯，黄粹. 环境冲突与集群行为——环境群体性冲突的社会政治分析 [J]. 中国地质大学学报（社会科学版），2014 (5).

304. 赵闯，黄粹. 环境谈判：解决环境冲突的另一方式 [J]. 大连理工大学学报（社会科学版），2017 (2).

305. 赵闯，姜昀含. 可持续发展背景下的环境教育：观念变革与实践探索 [J]. 晋中学院学报，2017 (5).

306. 赵闯，姜昀含. 环境决策中公众参与的有效性及其实现 [J]. 大连理工大学学报（社会科学版），2019 (1).

307. 赵鼎新. 西方社会运动与革命理论发展之述评 [J]. 社会学研究，2005 (1).

308. 赵立新. 论环境群体性纠纷中的司法救济机制 [J]. 江汉大学学报（社会科学版），2009 (4).

309. 郑君君，等. 基于演化博弈和优化理论的环境污染群体性事件处置机制 [J]. 中国管理科学，2015 (8).

310. 郑君君，等.环境污染群体性事件中行为信息传播机制——基于心理因素的分析［J］.技术经济，2015（8）.

311. 郑旭涛.预防式环境群体性事件的成因分析——以什邡、启东、宁波事件为例［J］.东南学术，2013（3）.

312. 郑卫.邻避设施规划之困境——上海磁悬浮事件的个案分析［J］.城市规划，201（2）.

313. 郑卫.我国邻避设施规划公众参与困境研究——以北京六里屯垃圾焚烧发电厂规划为例［J］.城市规划，2013（8）.

314. 郑卫，等.并非"自私"的邻避设施规划冲突——基于上海虹杨变电站事件的个案分析［J］.城市规划，2015（6）.

315. 钟其.当前浙江环境纠纷及群体性事件研究［J］.探索与研究，2012（2）.

316. 钟勇，等.由邻避公用设施扰民反思规划编制体系的改进对策［J］.现代城市研究，2013（2）.

317. 周丽旋，等.垃圾焚烧设施公众"邻避"态度调查与受偿意愿测算［J］.生态经济，2012（12）.

318. 周亚越，等.邻避设施选址决策中的供需分析［J］.浙江社会科学，2016（6）.

319. 周晔，蔡栋.环境群体性突发事件演化博弈及仿真分析［J］.江苏警官学院学报，2016（4）.

320. 朱德米，虞铭明.社会心理、演化博弈与城市环境群体性事件——以昆明 PX 事件为例［J］.同济大学学报（社会科学版），2015（2）.

321. 朱海忠.污染危险认知与农民环境抗争——苏北 N 村铅中毒事件的个案分析［J］.中国农村观察，2012（4）.

322. 朱谦.抗争中的环境信息应该及时公开——评厦门 PX 项目与城市总体规划环评［J］.法学，2008（1）.

323. 朱清海，宋涛.环境正义视角下的邻避冲突与治理机制［J］.湖北省社会主义学院学报，2014（3）.

324. 朱正威，吴佳.空间挤压与认同重塑：邻避抗争的发生逻辑及治理

改善 [J]. 甘肃行政学院学报, 2016 (3).

325. 卓四清, 等. 新媒体时代环境群体性事件的演化机制及治理研究——以"昆明 PX 事件"为例 [J]. 武汉理工大学学报 (社会科学版), 2016 (4).

326. 周健宇. 环境纠纷行政调解存在问题及其对策研究 [J]. 生态经济, 2016 (1).

327. 周薇. 渔业的"中国方案"对环境意味着什么? [A/OL]. 中外对话网, 2018-01-10.

二、英文文献

1. ABELS G. Citizen involvement in public policy-making: does it improve democratic legitimacy and accountability? The case of pTA [J]. Interdisciplinary information sciences, 2007, 13 (1).

2. ABRAHAM E. A. Towards a shared system model of stakeholders in environmental conflict [J]. International transactions of operational research, 2008, 15 (2).

3. ABRAHAM E. A. A system dynamics model for stakeholder analysis in environmental conflicts [J]. Journal of environmental planning and management, 2012, 55 (3).

4. ACCORD. Transforming conflict [Z]. Facilitator's reference manual, Durban, 2002.

5. AZAR E. E. The management of protracted social conflict: theory and cases, hampshire [M]. England: Dartmouth, 1990.

6. BACOW L. , MILKEY J. Overcoming local opposition to hazardous waste facilities: the Massachusetts approach [J]. Harvard environmental law review, 1982, 6 (2).

7. BAECHLER G. Why environmental transformation causes violence: a synthesis [J]. Environmental change and security project report, 1998, 4 (4).

8. BARRY B. Liberty and Justice: Essays in Political Theory [M]. Oxford:

Clarendon Press, 1991.

9. BLACKBURM J. W. , BRUCE W. M. Mediating environmental conflicts: theory and practice [M]. West, CT: Quorum Books, 1995.

10. BOB U. (et al.) Nature, people and the environment: overview of selected issues [J]. Alternation, 2008, 15 (1).

11. BURNINGHAM K. Using the language of NIMBY [J]. Local environment, 2000, 5 (1).

12. CACERES D. M. Accumulation by dispossession and socio-environmental conflicts caused by the expansion of agribusiness in Argentina [J]. Journal of agrarian change, 2015, 15 (1).

13. CARLOS R. Socio-environmental conflict in Argentina [J]. Journal of Latin American geography, 2012, 11 (2).

14. CARPENTER S. L. , KENNEDY W. J. D. Environmental conflict management: new ways to solve problems [J]. Mountain research and development, 1981, 1 (1).

15. CARPINI D. (et al.) Public deliberation, discursive participation, and citizen engagement: a review of the empirical literature [J]. Annual review of political science, 2004, 7 (1).

16. CAZALS C. (et al.) Land uses and environmental conflicts in the Arcachon Bay Coastal Area: an analysis in terms of heritage [J]. European planning studies, 2015, 23 (4).

17. CORMICK G. D. (et al.) Building consensus for a sustainable future: putting principles into practice [M]. Ottawa, Ontario: National Round Table on the Environment and the Economy, 1996.

18. CREIGHTON J. L. The public participation handbook: making better decisions through citizen involvement [M]. San Francisco: Jossey-Bass, 2005.

19. DAHRENDORF R. Class and conflict in industrial society [M]. Stanford, CA: Stanford University Press, 1959.

20. DAVIES J. C. Toward a theory of revolution [J]. American sociological re-

view, 1962, 27 (1).

21. DESJARDINS J R. Environmental ethics: an introduction to environmental philosophy [M]. California: Wadsworth, Inc, 1993.

22. DIETZ T. (et al.) Definitions of conflict and the legitimation of resources: the case of environmental risk [J]. Sociological forum, 1989, 4 (1).

23. DOBSON A. , LUCARDIE P. The politics of nature: explorations in green political theory [M]. London: Routledge, 1993.

24. DOBSON A. Green political thought [M]. London and New York: Routledge, 2000.

25. DOHERTY B. , MARIUS de Geus. Democracy and green political thought [C]. London and New York: Routledge, 1996.

26. DOYLE T. , MCEACHEM D. Environment and politics [M]. London and New York: Routledge, 2001.

27. DRYZEK J. The politics of the Earth [M]. Oxford and New York: Oxford University Press, 1997.

28. DUPUY R. (et al.) Analyzing socio-environmental conflicts with a commonsian transactional framework: application to a mining conflict in Peru [J]. Journal of economic issues, 2015, 49 (4).

29. ELLIOTT M. L. , KAUFMAN S. Enhancing environmental quality and sustainability through negotiation and conflict management: research into systems, dynamics, and practices [J]. Negotiation & conflict management research, 2016, 9 (3).

30. EMERSON K. (et al.) Environmental conflict resolution: evaluating performance outcomes and contributing factors [J]. Conflict resolution quarterly, 2009, 27 (1).

31. FEINERMAN E. , FINKELSHTAIN I. , KAN I. On a political solution to the NIMBY conflict [J]. American economic review, 2004, 94 (1).

32. FISCHER F. Citizen participation and the democratization of policy expertise: from theoretical inquiry to practical cases [J]. Policy sciences, 1993, 26

(3).

33. GIttler J. B. Review of sociology: analysis of a decade [C]. New York: Wiley, 1957.

34. GRANOVETTER M. Threshold models of collective behavior [J]. The american journal of sociology, 1978, 83 (6).

35. GURR T. Psychological factors in civil violence [J]. World politics, 1968, 20 (2).

36. GURR T. A causal model of civil strife: a comparative analysis using new indices [J]. The American political science review, 1968, 62 (4).

37. GURR T. R. Why men rebel [M]. Princeton, NJ: Princeton University Press, 1970.

38. FREUDENBURG W. R. , PASTOR S. K. NIMBYs and LULUs: stalking the syndromes [J]. Journal of social issues, 1992, 48 (4).

39. GOODIN R. E. Green political theory [M]. Cambridge: Polity Press, 1992.

40. GREGORY R. , KUNREUTHER H. , EASTERLING D. (et al.) Incentives policies to site hazardous waste facilities [J]. Risk analysis, 1991, 11 (4).

41. HAYWARD T. Political theory and ecological values [M]. Cambridge: Polity Press, 1998.

42. HOLLANDER G. M. Agroenvironmental conflict and world food system theory: sugarcane in the Everglades Agricultural Area [J]. Journal of rural studies, 1995, 11 (3).

43. HOMER-DIXON T. F. On the threshold: environmental changes as causes of acute conflict [J]. International security, 1991, 16 (2).

44. HOMER-DIXON T. F. Environmental scarcities and violent conflict [J]. International security, 1994, 19 (1).

45. HUNTER S. , LEYDEN K. M. Beyond NIMBY [J]. Policy studies journal, 1995, 23 (4).

46. IUCN. World conservation strategy [R]. Gland, Switzerland:

IUCN，1980.

47. JOHNSON T. Environmentalism and NIMBYism in China：promoting a rules-based approach to public participation ［J］. Environmental Politics，2010，19（3）.

48. JOY P.，NEAL P. The handbook of environmental education ［M］. London：Routledge，1994.

49. JOY P. Environmental education in 21st century：theory，practice，progress and promise ［M］. London：Routledge，1998.

50. JULIE V. R. Indigenous land and environmental conflicts in Panama：neoliberal multiculturalism，changing legislation，and human rights ［J］. Journal of Latin American geography，2012，11（2）.

51. KASPERSON R. E.，GOLDING D.，TULER S. Social distrust as a factor in sitting hazardous facilities and communicating risks ［J］. Journal of social issues，1992，48（4）.

52. KORB J.，HEINZE J. Ecology of social evolution ［M］. Berlin and Heidelberg：Springer-Verlag，2008.

53. KRAFT M. E.，CLARY B. B. Citizen participation and the nimby syndrome：public response to radioactive waste disposal ［J］. The western political quarterly，1991，44（2）.

54. LAIRD F. N. Participatory analysis，democracy，and technological decision making ［J］. Science，technology，and human values，1993，18（3）.

55. LEACH W. D.，PELKEY N. W. Making watershed partnerships work：a review of the empirical literature ［J］. Journal of water resources management and planning，2001，127（6）.

56. LIBISZEWSKI S. What is an environmental conflict? ［J］. Journal of peace research，1991，28（4）.

57. LIU J.（et al.）Complexity of coupled human and natural systems ［J］. Science，2007，317（5844）.

58. MARTINOVSKY B. Emotion in group decision and negotiation ［C］.

Springer Netherlands, 2015.

59. MATTTHEW R. A. (et al.) The elusive quest: linking environmental change and conflict [J]. Canadian journal of political science, 2003, 36 (4).

60. MATHEWS F. Ecology and democracy [C]. Great Britain: FRANK CASS & CO. LTD, 1996.

61. MESZAROS I. Marx's theory of alienation [M]. London: Merlin, 1970.

62. MITCHELL R. B. (et al.) Global environmental assessments: information and influence [C]. Cambridge, MA: MIT Press, 2006.

63. MORELL D. Sitting and the politics of equity [J]. Hazardous waste, 1984, 1 (4).

64. OBERSCHALL A. Social conflict and social movements [M]. Englewood Cliffs, NJ: Prentice-Hall, 1973.

65. O'HARE M. "Not on My Block You Don't": facility siting and the strategic importance of compensation [J]. Public policy, 1977, 25 (4).

66. OKPARA U. T. (et al.) Conflicts about water in Lake Chad: are environmental, vulnerability and security issues linked? [J]. Progress in development studies, 2015, 15 (4).

67. O'LEARY R. R. , SUMMERS S. Lessons learned from two decades of alternative dispute resolution programs and processes at the U. S. Environmental Protection Agency [J]. Public administration review, 2001, 61 (6).

68. O'LEARY R. , BINGHAM L. B. The Promise and Performance of Environmental Conflict Resolution [C]. Washington, DC: RFF Press, 2003.

69. O'LEARY R. (et al.) Assessment and improving conflict resolution in multiparty environmental negotiations [J]. International journal of organization theory and behavior, 2005, 8 (2).

70. PARSONS T. Essays in sociological theory pure and applied [M]. Glencoe, lllinois: The Free Press, 1949.

71. PEARCE D. , TUMER K. Economics of Natural Resources and the Environment [M]. Baltimore: Johns Hopkins University Press, 1990.

72. PELLIZZONI L. The politics of facts: local environmental conflicts and expertise [J]. Environmental politics, 2011, 20 (6).

73. PEREIRA A. G., VAZ S. G., TOGNETTI S. Interfaces between science and society [C]. Sheffield: Greenleaf Press, 2006.

74. PHILLIPS A. Engendering democracy [M]. Cambridge: Polity Press, 1991..

75. POPA V. (et al.) The role of socio-demographic, economic and environmental factors in perpetuating the conflicts in Yemen [J]. Romanian review on political geography, 2015, 17 (2).

76. RANNIKKO P. Local environmental conflicts and the change in environmental consciousness [J]. Acta Sociologica, 1996, 39 (1).

77. REDCLIFT M. Addressing the causes of conflict: human security and environmental responsibilities [J]. Review of european community & international environmental law, 2002, 9 (1).

78. REGAN T. The case for animal rights [M]. Berkeley: University of California Press, 1984.

79. ROBERT A. (et al.) The promise of mediation: the transformative approach to conflict [M]. San Francisco: Jossey-Bass, 2005.

80. RUTH M. (ed.) Smart growth and climate change: regional development, infrastructure and adaptation [C]. Northampton, MA: Edward Elgar, 2006.

81. SCHNEIDER S., SHANTEAU J. Emerging perspectives on judgment and decision research [C]. New York: Cambridge University Press, 2003.

82. SHEMTOV R. Social networks and sustained activism in local NIMBY campaigns [J]. Sociological forum, 2003, 18 (2).

83. SILLS D. L. International encyclopedia of the social sciences [C]. New York: MacMillan & Free Press, 1968.

84. SIMON A. M., KURT R. S. Environmental conflicts and regional conflict management [A/OL]. http://www-classic.uni-graz.at/vwlwww/steininger/

eolss/1_ 21_ 4_ 5_ text. pdf, 2012-04-10.

85. SINGER P. Animal liberation [M]. New York: New York Review of Books, 1990.

86. SMELSER N. J. Theoretical issues of scope and problems [J]. The sociological quarterly, 1964, 5 (2).

87. SMELSER N. L. Theory of collective behavior [M]. New York: The Free Press, 1965.

88. SMITH G. Deliberative democracy and the environment [M]. London and New York: Routledge, 2003.

89. STEELE G. A. Environmental conflict and media coverage of an oil spill in Trinidad [J]. Negotiation & conflict management research, 2016, 9 (1).

90. SUN L. , ZHU D. , CHAN E. H. W. Public participation impact on environment NIMBY conflict and environmental conflict management: comparative analysis in Shanghai and Hong Kong [J]. Land Use Policy, 2016, 58 (15).

91. TURNER R. H. The theme of contemporary social movements [J]. British journal of sociology, 1969. 20 (4).

92. VAN TATENHOVE J. P. M. , LEROY P. Environment and participation in a context of political modernisation [J]. Evironmental values, 2003, 12 (2).

93. WALLENSTEEN P. Understanding conflict resolution [M]. London: Sage, 2007.

94. WARRICK R. , RIEBSAME W. Societal response to CO_2-Induced climate change: opportunities for research [J]. Climate change, 1981, 3 (4).

95. WHITE R. Crimes Against Nature: Environmental Criminology and Ecological Justice [M], Devon: Willan Publishing, 2008.

96. WILLIAMS B. A., MATHENY A. R. Democracy, Dialogue, and Environmental Disputes: The Contested Languages of Social Regulation [M]. New Haven, CT: Yale University Press, 1995.

后 记

    在中国，环境群体性事件是备受关注的现象，这也是我选择对"中国环境群体性冲突"进行研究的主要原因。但鉴于中国国情，对中国实际问题的研究并不容易，特别对原来从事理论推理研究的研究者更是如此。这项研究的确给我带来了一定的困难，也曾设计了问卷，并进行了深入的访谈，但实地调研的部分最终还是从书中删去了，原因是多方面的，但主要还是我不能保证它所应该具有的科学性。当然，实地调研收获不小，也使我的理论推理不再只是"书斋里的想象"。这项研究虽然还有欠缺，但已告一段落，并且不会再有后续研究。虽然不会开展后续研究，但也无法割舍对环境的关注，今后的研究不会与此无关，因为环境问题会伴随人类社会始终。

    感谢光明日报出版社能够出版此书，也感谢出版社的工作人员付出的劳动，更要感谢我的母亲和我的妻子，感谢她们对我的支持和理解。此时，新冠病毒（COVID-19）正在全球肆虐，愿逝者安息，生者如斯。希望疫情早日结束，期待疏离的社会和生活尽早恢复如常。

赵 闯

2020 年 3 月 30 日于陋室